Motor Fan
illustra'

자율주행사용차
기술의 논점
Autonomous Drive Technology

KB146651

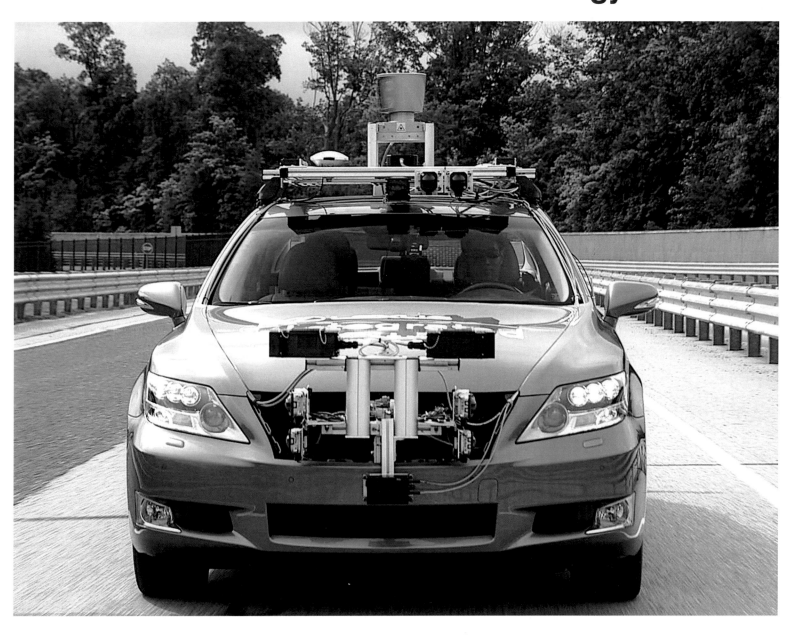

Motor Fan
illustrated
CONTENTS
Special Edition

004 도해특집 자율운전

052 도해특집 자동차 전기

094 issue 자율운전 기술의 논점

알아두면 좋을만한

「자율운전」의 이론과 기술

자율운전

Illustration Feature : **Autonomous Driving**

「자율운전」이 갑자기 각광을 받고 있다. 유럽, 미국, 일본의 자동차 메이커와 대형부품 메이커가 대학이나 연구소와 연대해 본격적인 개발경쟁을 시작했다. 각 진영 모두 실용화 시기를 명확하게 밝히면서 2020년에는 자율운전기술을 탑재한 시판차가 등장할 예정이다. 과연 자율운전은 꿈의 기술일까? 자동차의 존재를 바꿀만한 혁신적인 기술일까? 그렇지 않으면 기존 운전자 지원 시스템의 연장선상에 있기 때문에 놀랄 것까지는 없을까? 현재의 자율운전기술은 어떤 모습일까? 앞으로 어떻게 될까? 등등의 수많은 질문을 하면서 자율운전에 대해 정리해 보자.

「자율운전」을 장면별로 나누어 보면…

자율운전을 장면별로 나누어 보았다. 그랬더니 하나하나의 기술이 이미 실용화된 것들이 많다.

현재 자동차에 탑재되어 있는 센서와 인프라만 연동시키는 것만으로도 상당히 고도의 자율운전제어가 가능하다는 것을 알 수 있다.

본격적인 자율운전으로 나아가기 위해서는 무엇이 부족하고, 어떤 것을 추가하면 좋을까?

과제는 무엇일까? 종착점은 있을까? 자율운전을 생각하는 일은 사실 자동차에 대해 다시 생각하는 일이기도 하다.

글 : 마키노 시게오 (牧野茂雄) 삽화: 쿠마가이 토시나오 (熊谷敏直)

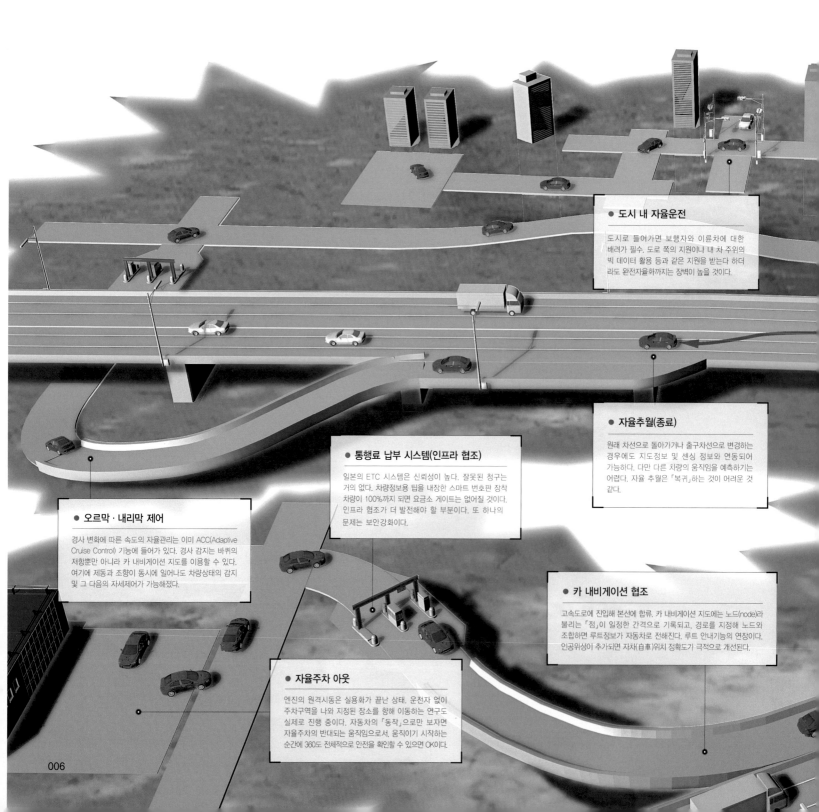

● 도시 내 자율운전

도시로 들어가면 보행자와 이륜차에 대한 배려가 필수. 도로 쪽의 지원이나 내 차 주위의 빅 데이터 활용 등과 같은 지원을 받는다 하더라도 완전자율까지는 장벽이 높을 것이다.

● 자율추월(종료)

원래 차선으로 돌아가거나 출구차선으로 변경하는 경우에도 지도정보 및 센싱 정보와 연동되어 가능하다. 다만 다른 차량의 움직임을 예측하기는 어렵다. 자율 추월은 「복귀」하는 것이 어려운 것 같다.

● 통행료 납부 시스템(인프라 협조)

일본의 ETC 시스템은 신뢰성이 높다. 잘못된 청구는 거의 없다. 차량정보용 팁을 내장한 스마트 번호판 장착 차량이 100%까지 되면 요금소 게이트는 없어질 것이다. 인프라 협조가 더 발전해야 할 부분이다. 또 하나의 문제는 보안강화이다.

● 오르막 · 내리막 제어

경사 변화에 따른 속도의 자율관리는 이미 ACC(Adaptive Cruise Control) 기능에 들어가 있다. 경사 감지는 바퀴의 저항뿐만 아니라 카 내비게이션 지도를 이용할 수 있다. 여기에 제동과 조향이 동시에 일어나도 차량상태의 감지 및 그 다음의 자세제어가 가능해졌다.

● 카 내비게이션 협조

고속도로에 진입해 본선에 합류. 카 내비게이션 지도에는 노드(node)라 불리는 「점」이 일정한 간격으로 기록되고, 경로를 지정해 노드와 조합하면 루트정보가 자동으로 전해진다. 루트 안내기능의 연장이다. 인공위성이 추가되면 자차(自車)위치 정확도가 극적으로 개선된다.

● 자율주차 아웃

엔진의 원격시동은 실용화가 끝난 상태. 운전자 없이 주차구역을 나와 지정된 장소를 향해 이동하는 연구도 실제로 진행 중이다. 자동차의 「동작」으로만 보자면 자율주차의 반대되는 움직임으로서, 움직이기 시작하는 순간에 360도 전체적으로 안전을 확인할 수 있으면 OK이다.

개별적인 기술을 단편적으로 살펴보면 의외로 실현된 것들이 많다.

인간이 자동차를 운전할 때 관리하고 있는 것은 「진로」와 「차속」 2가지 뿐이다. 그러나 어떻게 관리할지에 있어서 출력(actuation)으로서의 조향 핸들, 가속 페달, 브레이크 페달을 조작하기 전에 먼저 도로상황을 「인지」하고 「판단」하게 된다. 이것을 인공적인 센서를 통해 인지한 다음, 컴퓨터가 판단하도록 바꿀 수 있다면, 동작 그 자체는 그다지 어렵지 않다. 운전자 대신에 「진로」와 「차속」 중 어느 쪽이든 혹은 한 쪽만 관리해 주는 실험차

나, 이미 실용화되어 있는 운전지원기능 장착차량을 타 보면, 생각했던 것보다 자동차 쪽에서 하는 동작이 부드럽고 능숙하다. 차선에서 이탈하는 것을 방지하는 차선유지 지원 기능(Lane Keep Assist)은 현재 시판차에 적용되고 있는데, 그 기능을 진화시켜 센서를 사용해 자동으로 조향 핸들을 조작하는 실험차도 생각 외로 조향이 부드럽다. 자율운전이라는 기능을 장면별로 따져보면, 대부분이 실용화 목표가 서 있다고 해도 충분하다. 그런

의미에서 자율운전은 멀지 않은 미래의 기술이다. 그러나 자율운전에 대해 생각해 보면, 인간이 눈과 귀, 코, 뇌를 총동원해 움직이는 근육운동이 사실은 뛰어난 「재주」라는 것을 새삼 깨닫게 된다. 자율운전이란 것은 한 번 더 사람과 자동차의 관계를 되돌아보게 하는 계기가 아닐까.

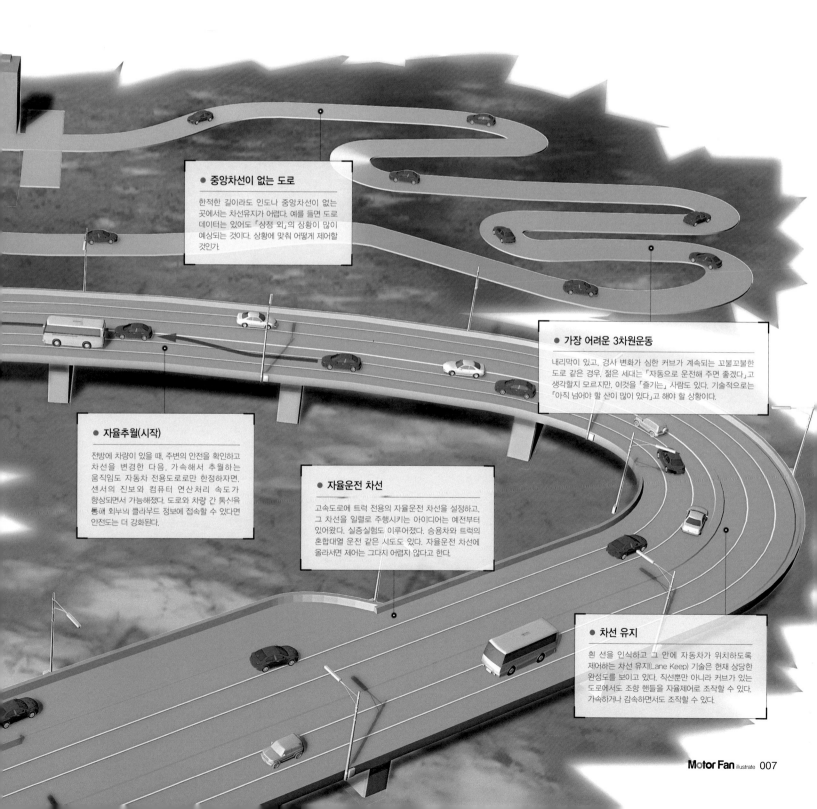

● 중앙차선이 없는 도로

한적한 길이라도 인도나 중앙차선이 없는 곳에서는 차선유지가 어렵다. 예를 들면 도로 데이터는 있어도 「상정 외」의 상황이 많이 예상되는 것이다. 상황에 맞춰 어떻게 제어할 것인가.

● 가장 어려운 3차원운동

내리막이 있고, 경사 변화가 심한 커브가 계속되는 꼬불꼬불한 도로 같은 경우, 젊은 세대는 「자동으로 운전해 주면 좋겠다」고 생각할지 모르지만, 이것을 「즐기는」 사람도 있다. 기술적으로는 「아직 넘어야 할 산이 많이 있다」고 해야 할 상황이다.

● 자율추월(시작)

전방에 차량이 있을 때. 주변의 안전을 확인하고 차선을 변경한 다음, 가속해서 추월하는 움직임도 자동차 전용도로로만 한정하자면. 센서의 진보와 컴퓨터 연산처리 속도가 향상되면서 가능해졌다. 도로와 차량 간 통신을 통해 외부의 클라우드 정보에 접속할 수 있다면 안전도는 더 강화된다.

● 자율운전 차선

고속도로에 트럭 전용의 자율운전 차선을 설정하고, 그 차선을 일렬로 주행시키는 아이디어는 예전부터 있어왔다. 실증실험도 이루어졌다. 승용차와 트럭의 혼합대열 운전 같은 시도도 있다. 자율운전 차선에 올라서면 제어는 그다지 어렵지 않다고 한다.

● 차선 유지

흰 선을 인식하고 그 안에 자동차가 위치하도록 제어하는 차선 유지(Lane Keep) 기술은 현재 상당한 완성도를 보이고 있다. 직선뿐만 아니라 커브가 있는 도로에서도 조향 핸들을 자율제어로 조작할 수 있다. 가속하거나 감속하면서도 조작할 수 있다.

INTERVIEW

「지금까지의 자율운전 기술개발에 대한 흐름을 이해해 둘 필요가 있다」

후루가와 도모나리 | 버지니아 공과대학 공학부 기계공학학과 교수
Professor Tomonari FURUKAWA Virginia Tech College of Engineering

버지니아 공과대학의 후루가와 도모나리교수는 SLAM기술 전문가이다.

학회 일로 일본방문 중인 후루가와교수를 인터뷰했다.

자율운전 기술개발의 최전선에 있는 후루가와교수는, 현재의 자율운전을 둘러싼 상황을 어떻게 보고 있을까?

본문 : 가와바타 유미　　사진 : 이쿠라 미치오 (VW/야마하/보쉬/나사)

「자율운전」이라는 주제를 언급하는데 있어서 사실은 편집부 안에서도 이견이 컸다. 최대 논점은 대체 무엇을 갖고 「자율운전」이라고 하느냐는 점이다. 성급하게 답을 내놓기 어렵다는 점을 먼저 이야기 하면서도 굳이 살펴보도록 하자. 이번에 이야기를 들려준 사람은 자율운전에서 빼놓을 수 없는 SLAM 연구의 최전선에 있는 버지니아 공과대학 공학부 기계공학과의 후루가와 도모나리교수이다.

「기술적인 견지에서 운전석에 사람이 있느냐 없느냐(manned/unmanned) 하는 것은 큰 차이이다. 운전자가 있는 상황에서는 자동차 제어로 이어지는 의사결정을 최종적으로 사람이 할 수 있지만, 미국에서 펼쳐지고 있는 DARPA 어번 챌린지 같은 무인운전에서는 자동차가 의사를 결정하고 제어까지 하고 있습니다. 알기 쉽게 설명하자면, 『배트맨』의 배트모빌 같이 무인(無人)으로 달려와 인간을 픽업할 수 있는 자동차는 완전한 자율운전일 뿐만 아니라 무인운전입니다. 현 단계에서 승용차 메이커는 유인(有人)의 장래를 눈여겨보고 있습니다. 기술적인 과제라기보다 사고가 났을 때의 책임소재 등, 윤리적인 논란이나 법규정비 등의 과제가 있기 때문이죠」

자율운전에 관해 윤리적인 관점에서 논쟁을 하면 현 단계에서는 확실한 결론이 없다. 예를 들면, 유럽의 SMART 프로젝트에서는 운전자가 필요에 맞춰 제어하고 법적인 책임도 지는 「자율운전」과 운전자에 대한 경고와 개입을 통해 안전과 효율을 향상시키는 「협조운전」을 연구대상으로 삼았다. 자율운전 가운데 운전자가 제어하지 않고, 아예 존재 자체를 필요로 하지 않는 상태를 「자율운전」이라고 해서, 이 영역은 대상으로 하지 않는다.

독일연방 자동차교통연구소는 자율운전의 정도를 5단계로 정의했다. 「운전자만 있는 상태」, 「운전을 보조하는 상태」, 운전자가 시스템으로부터 제어를 인계받을 수 있는 상태인 「부분적인 자동화」까지는 현 단계에서는 실현이 가능하다. 미래적으로는 운전자에 의한 감시를 필요로 하지 않고 인계요청에 반응해 운전자가 제어를 이어 받는 「고도의 자동화」, 운전자에게 인계 없이 자동으로 위험 경감 행동을 하는 「완전 자동화」까지 실현될 것으로 예측된다.

무인(Unmanned) 항공기

노스럽 그러먼사가 개발한 무인정찰기 RQ-4 글로벌 호크. 기수 상부의 솟아오른 부분에는 위성통신용 안테나가 들어 있다. 군수용 외에 사진 속 비행기처럼 기상관측용으로 사용하는 것도 있다(NASA에서 운용). 첫 비행은 1998년 2월.

일본의 무인기술은 사실 세계적인 수준이다. 사진은 야마하 제품의 산업용 무인 헬리콥터. 농약살포 등의 용도로 사용하고 있다. 고성능 GPS와 방위 센서를 탑재. 후지중공업은 자동이착륙 비행기 기술을 갖고 있다.

한편 일본의 경제산업성은 4단계로 정의한다. 가속, 조향, 제어 가운데 한 가지를 자동차가 조작하는 「단독 시스템」, 2가지를 조작하는 「시스템 복호화(復號化)」, 모든 것을 조작하는 「시스템 고도화」로 정의하고 있는데, 이 단계까지는 긴급대응을 운전자가 조작한다. 모든 조작을 자동차가 하는 동시에 긴급대응도 자동차에게 맡김으로서, 무인운전이 가능한 상태를 「완전자율운전」이라고 정의한다.

「어떻게 해서 자율운전이라는 발상이 시작되었는지를 따져보면 각각이 지향하는 방향성이 보입니다. 미국이나 오스트레일리아에서는 광산이나 대규모 농업에서의 농약살포 같이 사람이 없는 장소에서 무인, 자율, 자동으로 운전하는 것을 필요로 하는 수요가 있었고, 거기서부터 자율운전에 대한 연구가 시작되었습니다. 한편, 자동차는 사람이 있는 상황 하에서의 사용을 전제로 운전자 보조 차원에서 개발이 시작됩니다. 자동차 메이커 가운데서는 닛산과 GM이 무인운전을 가시권에 두고 완전자동을 연구하고 있습니다. 도요타나 혼다, 포드 등은 유인을 전제로 한 시스템입니다」

윤리적 측면이나 법적인 논란에 대해서는 계속적으로 지켜볼 필요가 있지만, 여기서는 그냥 기술적인 측면에 초점을 맞추고 논의해 나가도록 하자. 자율운전을 하는 데 있어서 빼놓을 수 없는 것이, 자신이 어디에 있는지에 대한 인식(자기위치측정)이다. 시판되는 카 내비게이션에서도 GPS만으로는 건물 내나 터널 등에서 신호를 잡지 못하기 때문에 자이로센서, 가속도센서, 차속센서 등을 통해 취합한 정보로 자율주행을 병행하고 있다.

「현재상태의 자율운전에서는, 측량용으로 사용하는 고정밀도 GPS의 사용과 더불어 SLAM(Simultaneous Localization And Mapping)에 의한 맵핑으로 "자신의 현재 위치를 찾는" 작업을 하고 있습니다(상세한 것은 42페이지 참조). 이때 주위를 측정하기 위해 사용하는 것이 레이저 레인지 파인더(별명 : 레이저 스캐너)나 카메라로서, 이들 장치에서 얻은 정보로 지도를 만들거나, 그 지도에서 자신의 위치를 측정하기 위해 사용하는 계산이 알고리즘입니다」

인간 중에서도 건물 등의 랜드 마크나 태양 위치를 보고 자신의 위치를 파악할 수 있는 사람은 지도를 보고 진행방향을 결정할 수 있다. 하지만 방향감각이 둔한(길치)인 사람은 진행방향을 찾지 못해 거리에서 헤매는 것이다.

「사람은 시각, 청각, 후각 같은 많은 센서를 갖고 있어서, 이들 센서를 통해 얻은 정보로부터 종합적으로 판단해 행동합니다. 현재 자율운전에 사용하는 센서는 방향이나 거리 같이 시각 쪽만 이용하고 있습니다. 인간은 많은 것을 동시에 볼 수 있고, 보이는 것의 강도를 상상하는 등, 고도의 판단도 합니다. 물론 인간보다 시야가 넓거나 멀리까지 볼 수 있는 등, 기계 쪽이 뛰어난 점도 있습니다」

후루가와교수의 이야기를 통해 현 단계에서 기술적으로는 자율운전에 대한 길이 열려 있다는 것을 이해한 동시에 아직 확립되지 않았다는 것도 알았다. 운전에 있어서 외부환경을 인지하고, 적절한 판단을 내린 다음, 자동차를 제어하는 식의 일련의 동작 중에는 아직 최적의 기술 방향성이 보이지 않은 영역이 있으며, 현재 상태에서는 여러 방향성을 탐구하고 있다는 것도 알았다. 마지막으로 후루가와교수가 생각하는 자율운전의 미래상을 물어 보자.

「자율운전의 실용화가 진행됨에 따라 『인간다움』이 과제가 될 것으로 생각합니다. 예를 들면, 심한 눈보라 속에서 인간이 필사적으로 운전하는 자동차 옆을 100km/h의 빠른 속도로 달리는 자율운전 자동차가 추월해 나간다면 어떻게 될까요? 자율운전 자동차의 운전자나 보통 자동차 운전자 모두 당연히 무섭다고 생각할 것입니다. 전세계 자동차의 절반 이상이 자율운전이 되는 시대가 왔을 때는 인간에게 공포를 느끼지 않도록 하는 것이 중요합니다. 인간과 같은 감지(Sensing) 기술을 갖고 있으면서도, 동작에서도 인간다움이나 타인에 대한 배려가 없어서는 안 됩니다」

인간이 기계에 판단과 제어를 맡기는 시대야말로 인간다움이란 것이 중요시된다고 한다. 후루가와교수의 말이야 말로 이 특집을 시작하기 위한 머릿말로서 잘 어울린다는 느낌이다.

후루가와 교수 (버지니아공과대학 공학부 기계공학학과)
도쿄에서 열린 로봇기술 학회인 IROS에 참석하기 위해 방문했다. 자동차와 로봇은 서로 개발 접근방법이 다르다는 등의 흥미진진한 이야기를 들을 수 있었다.

> 「목표가 "UNMANNED(무인)"인지 "MANNED(유인)"인지에 따라 필요한 기술이 크게 다릅니다」

유인(Manned) 자동차

좌 : DARPA의 로봇 카 레이스는 미국국방 고등연구계획국(DARPA)이 주최한 무인카 레이스이다. 2007년에는 시가지를 상정한 총길이 96km 코스에서 펼쳐진 어번 챌린지였다. 사진은 2위로 들어온 스탠포드대학 차량.

우 : 자동차 메이커가 개발 중인 자율운전 차량은 어디까지나 유인으로서, 운전기술 시스템의 연장선상에 있는 것이 많다. 종래의 프리크래시, 운전지원기술이 성숙되었기 때문에 탈 수 있는 영역이라고 생각하는지도 모른다.

MERCEDES-BENZ S500 INTELLIGENT DRIVE

▼
DAIMLER

특수한 기술이 아니라,
양산차를 기반으로 한 기술로 자율운전을 지향

메르세데스 벤츠는 신형 S클래스를 기반으로 한 자율운전 연구 자동차로 약 100km 루트를 주파했다. 물론 자율운전으로.
이 루트는 125년 전, 칼 벤츠의 아내인 베르타 벤츠가 세계 최초의 장거리주행을 한 것과 똑같은 거리이다.
자동차 125년의 진보가 자율운전일까? 메르세데스 벤츠는 2010년대 말까지 자율운전 기능을 양산차에 적용할 계획이다.

본문 : 가와바타 유미   그림 : 다임러

Specifications

제작년도 : 2013년 / 기본 차량 : 메르세데스 벤츠 S500 / 센서 : 장거리 레이더(LRR)×앞3개-뒤1개, 중거리 레이더(MRR)×앞뒤2개, 단거리 레이더(SRR)×앞2개-뒤2개, 초음파센서, 스테레오 카메라×앞1개,
단안컬러 카메라×앞1개, 단안 카메라×뒤1개, GPS / 도로 : 시가지~고속도로 자동주차 / 협력 : 칼스루에공과대학 측정 · 제어기술연구소, 노키아

프랑크푸르트 모터쇼에서 다임러가 자율운전을 위한 실험차량, 「S500 인텔리전트 드라이브」가 일반도로를 달린 영상을 선보인 것은 충격적인 일이었다. 테스트 무대는 베르타 벤츠 가도. 칼 벤츠가 살았던 만하임을 기점으로, 아내인 베르타의 친정이 있던 포르츠하임 사이의 왕복 약 200km 루트이다. 만하임 궁전이나 하이델베르크성 같은 명소와 더불어 칼 벤츠 자동차박물관, 세계 최초의 주유소 유적 등, 자동차와 관련된 장소를 지나간다. 마을을 따라 늘어서 있는 관광루트에서는 교통량이 많다. 자율운전 실험으로는 상당히 난이도가 높다. 다임러그룹 연구 선진기술부문에서 드라이빙 오토메이션을 담당하는 에버하르트 제프 박사에게 상세한 기술과 미래상에 관해 들어 보았다.

「단거리/장거리 밀리 레이더, 초음파 카메라 등, 시판 중인 S클래스와 동일한 센서를 사용했습니다. 다만, 스테레오 카메라의 거리를 배로 늘려 레이더가 물체를 인식할 수 있도록 했습니다. 시야각이 90도인 컬러 단안(單眼)카메라로 신호나 표지를 인식해 운전에 반영합니다」

가장 놀라운 것은 「일부러 기존의 차량탑재용 센서를 사용해 개발했다」는 것이다. 더불어 시가지를 연결하는 관광루트를 달리는데 있어서, 차량을 둘러싼 환경이 시시각각 바뀌는 상황 속에서 자율주행을 할 때 중요했던 것이 지도이다.

「그 장소에서 맵핑해 자차 위치를 확인하는 동시에, HERE라고 하는 노키아의 디지털 맵 위치정보 서비스 부문과의 협업으로, 자율주행 차량을 위한 3D 디지털 맵을 만들었습니다. 인프라에 의존하지 않고 자율적으로 주행할 수 있지만, Car2X 같은 정보통신 이용으로 운전자가 알 수 없는 정보를 제공함으로서, 안전성이나 효율을 높이는데 기여할 수 있습니다」

고속도로나 주차장 같이 자동차 밖에 없는 환경이 아니라, 보행자나 자동차가 지나다니는 베르타 벤츠 가도를 자율적으로 주행한 것은 다임러뿐만 아니라 자율주행을 연구하는 많은 연구자에게 있어서도 복음과 같은 소식일 것이다.

2020년 무렵의 실용화를 가시화

바덴-뷔르템부르크주의 녹음이 우거진 지역을 달리는 「S500 인텔리전트 드라이브」. 기존의 차량용 센서를 사용해 고도로 자동화된 운전을 실시했다. 최종적인 제어는 운전자에게 있다는 전제로, 2020년 무렵에 실용화할 계획이다.

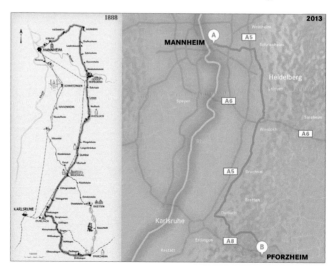

세계 최초의 테스트 드라이버는 여성?!

만하임을 출발해 포르츠하임까지 가는 길은 약 104km, 돌아오는 길은 약 90km인 관광루트. 칼 벤츠의 아내인 베르타 벤츠가 남편이 발명한 자동차의 뛰어난 편리성을 증명하기 위해, 친정까지 2명의 아이들을 데리고 여행한 루트를 따라 자동화된 운전을 실시했다고 한다.

기존의 차량탑재용 센서만 활용

S500 인텔리전트 드라이브에 탑재된 센서들을 도해했다. 24GHz의 단거리 밀리파 레이더로는 앞뒤와 좌우의 근거리, 77GHz의 중거리 밀리파 레이더로는 앞뒤의 원거리 외에, 좌우의 사각을 감지한다. 스테레오 카메라의 시야는 시판차량과 마찬가지로 44도로, 보행자를 감지한다. 다만, 밀리파 레이더로 인식한 물체를 특정하기 위해 이안 간(二眼 間) 거리를 배로 늘렸다. 또한 90도 시야각의 단안 컬러 카메라로 더 광범위하게 주위를 스캔함으로서, 교통루트를 지키면서 주행용 정보나 위험예지로 이어지는 정보를 얻는다. 센서들을 통해 광범위한 범위에 걸쳐 사각이 없다는 것을 알 수 있다.

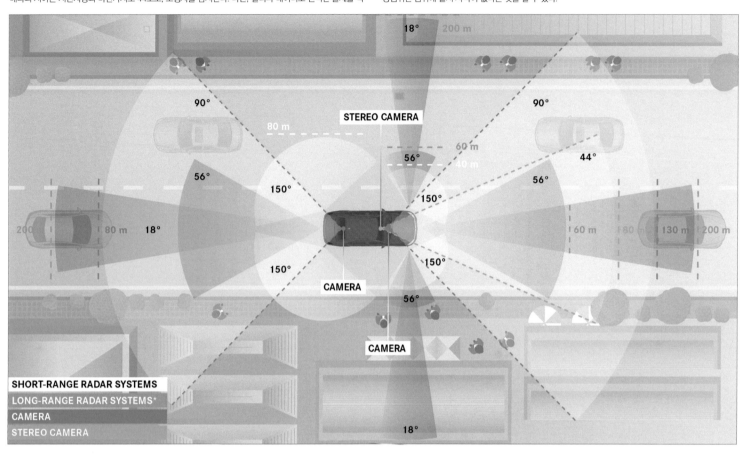

3D 맵과 조합해 자차위치를 정확하게 확인

자율주행이 가능한 차량을 개발하는데 있어서 일부러 「시판 중인 S500에 탑재된 센서로 한정」할 것을 과제로 삼았다. 베르타 벤츠 가도를 자율 주행할 때 중요시한 것은 지도이다. 스테레오 카메라와 밀리파 레이더에서 얻은 정보를 사용해 SLAM을 통해 지도와 자차위치를 인식하고 있다. 이것을 본문에서 언급한 노키아와 공동으로 개발한 3D 디지털 맵과의 비교를 통해 더 정확도가 높은 자차위치 인식이 가능했다. 가속페달, 브레이크, 조향을 자동으로 하는 것 외에, 주차나 횡단 등의 도로상 움직임을 인식해 추월이나 정차 등도 한다.

시판 모델과 동일한 장거리 밀리파 레이더가 설치되어 있다. 단파장을 사용하기 때문에 악천후에 강해서, 자동차 같은 경우는 180m, 보행자는 80m로, 사람의 눈으로는 인식하기 어려운 원거리까지 파악한다.

초음파 센서는 간단한 구조에 가격도 싸기 때문에, 주차할 때 장애물을 알려주는 장치로 널리 사용되고 있다. 근거리탐지에 적합하지만, 온도나 날씨의 영향을 받기 때문에 보정이 필요하다.

보행자 인지 목적으로 탑재된 스테레오 카메라이지만, S500 인텔리전트 드라이브에서는 레이더로 인식한 물체의 움직임이나 특성을 인식하기 위해 2대의 설치간격이 넓어졌다.

근거리 밀리파 레이더는 20~50m의 근거리에서 유효하다. 접근하는 차량의 유무나, 인접한 차선의 사각에 다른 차가 있을 때 등과 같이 운전자가 보지 못하는 근거리 탐지가 목적이다.

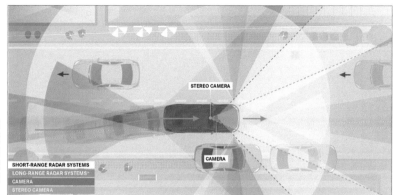
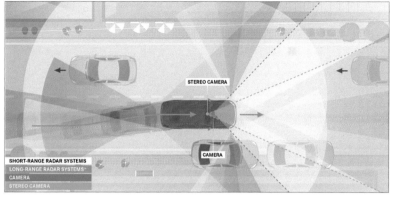

추월도 스스로 판단

현 단계에서 시판 중인 ACC는 설정된 속도로 달리다가 앞차를 따라붙으면 그대로 뒤따라간다. S500 인텔리전트 드라이브에서는 전방의 자동차를 따라붙으면 후방 차량과의 거리와 좌우 차선을 달리는 차량과 자차와의 거리관계를 인식해 적절한 거리가 있으면 추월에 나선다.

교차로에서는 보행자의 횡단도 감지

자율주행에서 난이도가 높은 것이 교차로이다. 횡단보도 등의 흰 선을 카메라로 인식해 밀리파 레이더와 스테레오 카메라 양쪽을 사용해 보행자를 인식한다. 보행자가 있으면 정차하고, 건너갔으면 자동으로 다시 출발한다.

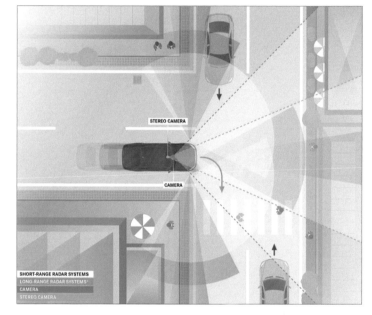

로터리에서도 주저 없이 주행

유럽에는 로터리가 많은 편이다. 진입로에서 로터리로 들어갈 때 우선도로 표지를 확인하면, 센서들이 주변에 다른 차가 없는지 확인한 다음, 로터리로 합류한다.

자차위치를 정확하게 인식해 주행 경로를 계산한다.

후방 카메라로 기존의 주변특징을 참조하면서 자차위치(自車位置)를 결정한다. 근거로 삼는 주변상황 요소는 디지털 맵에 미리 저장되어 있다. 카메라로 촬영한 최신 화상과 맵에 저장된 데이터를 비교함으로서 GPS만 사용하는 경우보다 훨씬 뛰어난 정밀도로 자차위치를 결정할 수 있다.

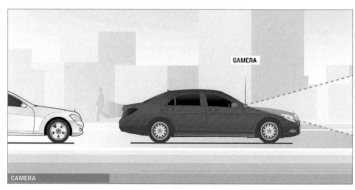

신호는 컬러 카메라로 인시

신호가 있는 정확한 장소는 사전에 맵 정보로서 자동차에 저장되어 있다. 앞 유리 안쪽에 있는 컬러 카메라(90도 각도로 130m까지 감지)가 신호를 실시간으로 인식. 또한 인식한 신호의 색은 계기판에도 표시된다. 신호가 황색 또는 적색인 경우는 자동 브레이크로 정지한다.

센싱 테크놀로지 Sensing Technology

시각(視覚)뿐만이 아닌,
운전하는데 있어서의
인간의 감지(Sensing) 능력

여기서는 자율운전의 최초 요소인 인지에 관한 센서의 테크롤로지를 살펴보겠다.
빛, 밀리파, 초음파, 카메라. 다양한 방법으로 자동차의 주위를 감시한다.
그러면 인간은 어떤 감지능력을 사용해 운전하고 있는 것일까.

본문 : MFi   그림 : 다임러/BMW

- ● 운전시 인간의 감지(Sensing)능력

시각 : 환경공간
        방향각도 : 220°
        방향각도 + 거리 : 140° + 수 백m
청각 : 공기 · 고정전파음(20Hz-20kHz)
촉각 : 진동(10Hz-500Hz)
후각 : 과학물질 + 자극물질

시내주행

횡단보도를 앞에 두고 자동차를 정지시켰다. 운전자는 먼저 눈으로 본다. 표지를 확인하는 것이다. 아이의 손을 잡은 엄마로 보이는 여성이 횡단보도를 건너가고 있다. 사람의 눈은 아이의 표정까지 읽을 수 있다. 아이가 급하게 횡단보도를 역방향으로 뛰어갈 징후는 없는지. 반대편 차선에는 자동차가 오고 있다. 천천히 이쪽으로 달려온다. 거리는? 속도는? 여기까지는 카메라도 인식할 수 있지만, 인간의 눈은 차종이나 운전자의 표정까지 파악할 수 있다. 물론 시각정보뿐만이 아니다. 예를 들면, 촉각. 조향 핸들로부터 전해오는 진동이 있으면 밖에서 강풍이 불고 있는지도 모른다. 연기 냄새가 나면 근처에서 화재가 있었을지도 모른다. 귀로 들어오는 정보도 있다. 실로 다양한 환경정보를 느끼고 있다.

A
- 맞은편에 차가 있다. 거리, 상대속도를 알 수 있다.
- 차종을 알 수 있다. 차종으로 운전자의 성격을 추측한다.

B
- 표지가 있다. 표지 내용을 인식한다.

C
- 사람이 있다. 왼쪽에서 오른쪽으로 이동 중이다.
- 어른과 어린이이다. 아이가 갑자기 행동을 바꿀지도 모른다.

D
- 냄새가 난다. 근처에서 화재가 있어났는지도 모른다. 소리가 난다. 밖에 강풍이 불어 무언가 날아올지도 모른다.

고속도로주행

인간은 자동차를 운전할 때 무엇을 감지(Sensing)하고 있을까? 가장 큰 정보원은 시각이다. 인간의 시야는 220도, 방향각도와 거리 양쪽을 인식할 수 있는 것은 140도에서 수 백m 정도이다. 이렇게 쓰면 140도만 시야각이라고 생각할 수 있지만, 인간의 머리는 전후좌우로 움직인다. 즉 목을 비틀면 더 큰 시야각을 얻을 수 있다. 인간은 오감 가운데, 미각 이외의 4가지 감각을 최대로 사용해 운전한다. 시각은 물론이고 촉각이나 청각, 후각도 중요한 센서이다. 현재의 자율운전용 센서는 인간의 눈에 얼마나 근접하느냐가 핵심이지만, 앞으로는 촉각이나 후각, 청각도 주요 요소로 등장할 것이다. 인간에게 공포를 느끼게 하지 않는 운전을 하려면, 인간 같은 감지 능력을 가질 필요가 있기 때문이다. 「들숨과 날숨의 호흡」이나 「아이 콘택트」등과 같이 인간의 고도의 감지 능력을 어떻게 모델링해 나갈지는 자율운전을 발전시켜 나가기 위한 앞으로의 과제이다.

이번에는 고속도로. 전방에 자동차 3대가 양쪽으로 달리고 있다. 거리와 상대속도는 차량탑재 센서로 인식할 수 있다. 흰 차선도 인식이 능하다. 그러나 인간의 눈은 선행차량의 미묘한 움직임에서 다음 행동을 예측할 수 있다. 추월해 나가는 트럭 운전자의 얼굴까지 인식할 수 있는 것이 인간이다.

A
· 상대속도를 알 수 있다. 크기를 알 수 있다.
· 차종을 알 수 있다. 차종으로 운전자의 성격 · 행동을 예측한다.

B
· 흰 차선을 인식한다.
· 노면 상태를 알 수 있다.

C
· 선행차량이 있다. 거리, 상대속도를 알 수 있다.
· 트럭이다. 이제부터 내 차선으로 들어올지 모른다는 추측도 해본다.

정체도로

A
· 선행차량이 있다. 상대속도를 알 수 있다. 매우 저속이다. 정체이다.
· 왼쪽이나 오른쪽 어느 차선으로 들어가야 빠를까?

B
· 옆 차선에 선행차가 있다. 크기를 알 수 있다.
· 트럭이다.
  갑자기 왼쪽으로 차선을 변경할지도 모른다.

전방에 정체가 발생한 것 같다. 정체의 가장 끝까지의 거리, 그리고 자차의 속도는 시각으로 계산할 수 있다. 제동 감속도는 자동차의 자세변화나 조향 핸들로 전달되는 진동으로 인식할 수 있다.

사이드 미러나 룸 미러로 옆쪽, 후방도 본다. 다만, 인간의 눈으로는 어떻게 해도 보이지 않는 사각이 발생한다. 옆 후방 등은 인간보다 센서의 능력이 뛰어날지도 모른다.

날씨변화

노면 색이 검게 변해 있다. 젖어 있다. 이것은 시각과 촉각으로 인식할 수 있다. 전방에 물이 고인 곳의 깊이도 눈으로 전해오는 신호로 거의 정확하게 인식할 수 있다. 하늘 쪽 색의 변화를 통해 앞으로 나아갈 방향의 날씨도 예측할 수 있다.

A
· 좌후방을 확인한다.

B
· 후방을 확인한다.

C
· 노면이 젖어 있다. 미끄러지기 쉽다. 먼 곳의 구름을 보니 그쪽은 비가 내리는 것 같다.

예측한 결과에 대한 대응행동은 브레이크 페달/가속 페달/조향 핸들 조작까지 해서 3가지 동작분이다.

	단안 카메라 Multi Purpose Camera	스테레오 카메라 Stereo Camera	초음파 카메라 Ultra sonic sensor
제품	 BOSCH	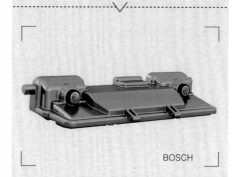 BOSCH	 BOSCH
	촬영 영상 소자 : 1.2M pixel CMOS		초음파
인식 시스템	한 대의 카메라로 화상 데이터를 취득(촬영 영상 소자에 의한 광학관측). 화상인식처리(패턴 인식)에 따라 필요정보를 추출.	수평대향으로 거리를 둔 2대의 카메라를 통해 화상 데이터를 취득. 화상인식처리에 따라 필요정보를 추출. 2곳에서 동시에 촬영한 영상을 비교함으로서 공간인식을 가능하게 한다.	발사한 초음파가 대상물에 반사되어 돌아올 때까지의 시간을 계측함으로서, 대상물의 유무나 그곳까지의 거리를 검출한다.
장점	소형에 싼 가격. 인식 대상물의 종류(자동차, 인간의 구별 등)를 판단할 수 있다. 차선 인식(레인 인식)이나, 표지 판독이 가능. 비나 눈 등에 동반되는 노면상황의 변화를 파악하는 것도 가능.	단안카메라의 기능을 내장. 인식대상물까지의 거리를 확인할 수 있다. 입체 대상물(특히 노면에서 위쪽으로 솟아난 물체)의 존재를 인식할 수 있다. 차량이 주행가능한 영역을 인식할 수 있다.	싼 가격. 근접 범위에 있어서 정확한 거리 측정이 가능.
단점	인식 대상물까지의 거리를 파악하기 어렵다. 벽 등의 입체구조물 인식이 어렵다. 인식대상물의 종류검출에 데이터 베이스가 필요. 데이터 베이스에 없는 것은 인식할 수 없다. 날씨가 나쁘거나 야간에서도 인식정확도가 떨어지기 쉽다.	장착에 있어서 높은 정확도가 요구된다. 악천후 상황(호우나 해질녘 등)이나 야간에 인식정확도가 떨어지기 쉽다.	장거리에는 맞지 않음. 대상물의 종별을 인식하는 용도로는 맞지 않는다.
시야각	~ 45도	~ 45도	140도
거리	80m	50m (3차원 인식이 가능한 거리)	~ 5m
	대상물의 형상 파악이 주특기이지만, 2차원 화상을 토대로 판단하기 때문에 대상물이 입체 구조물인지 아닌지 판별하기 어려워 데이터 베이스에 등록된 형상 이외에는 인식할 수 없다. 거리를 파악하는 것도 어렵다.	대상물의 형상을 파악하는 점은 단안카메라와 마찬가지이지만, 시야의 깊이를 인식할 수 있기 때문에, 대상물 형상이 데이터 베이스에 저장되어 있느냐에 상관없이 주행에 장애가 되는 벽이나 입체구조물을 인식할 수 있어서 주행가능 구역을 파악할 수 있다.	백소나(Back sona) 등, 몇 미터까지의 근접 범위에 있어서 거리측정 기술로 이용된다. 예전부터 보급되어 있던 기술이라는 점 등을 바탕으로 저가격화가 진행되고 있다는 점이 최대 장점 중 하나이다.

자동차용 센서

기초강좌

현재의 자동차에는 안전지원 시스템용으로서 이미 여러 가지 센서를 탑재하고 있다. 그리고 자율운전을 향한 노정에서는 당분간 이 기술들을 바탕으로 진행되어 나갈 것이다. 각각의 장단점을 기초로 현재 주류를 이루고 있는 센서들을 알아보겠다.

본문 : 다카하시 이페이   사진 : 보쉬 / 덴소

이 센서들은 현재의 자동차에 탑재되어 있는, 운전지원 시스템용 센서들이다. 정속 주행이나 충돌 예방(Pre-crash safety), 차선 유지 지원 등과 같은 운전지원 시스템은, 작동조건이나 기능은 한정되어 있지만, 가속페달이나 브레이크, 때로는 조향 핸들까지 자립적으로 제어한다. 어디까지나 "운전지원"이지 "전자동"은 아니지만, 이것은 틀림없는 자율운전의 일종이다.

여하튼, 자동차에 탑재된 컴퓨터가 차량의 주변상황을 수집하고 파악한 다음, 이를 근거로 판단을 내리면서 운전조작을 자립적으로 제어한다는 것이다. 부분적이긴

중거리 레이더 Mid Range Radar	장거리 레이더 Long Range Radar	레이저 센서 Laser Radar
 BOSCH	 BOSCH	 DENSO
밀리파(25GHz/77GHz)전파	밀리파(77GHz)전파	레이저
밀리파 대역의 전파를 발사한 다음, 반사파의 귀환시간이나 주파수를 측정함으로서 대상물과의 거리나 속도, 방향을 검출한다.	밀리파 대역의 전파를 발사한 다음, 반사파의 귀환시간이나 주파수를 측정함으로서 대상물과의 거리나 속도, 방향을 검출한다.	조사(照射)한 레이저의 반사를 측정함으로서 대상물과의 거리를 측정.
비교적 저가. 인식정확도가 날씨의 영향을 거의 받지 않는다. 장거리 영역 측정이 가능. 대상물까지의 거리를 정확하게 검출할 수 있다.	인식정확도가 날씨의 영향을 거의 받지 않는다. 장거리 영역 측정이 가능. 대상물까지의 거리를 정확하게 검출할 수 있다.	저가. 해질녘 등의 영향을 거의 받지 않는다.
대상물의 종별을 인식하는 용도로는 적합하지 않다.	대상물의 종별을 인식하는 용도로는 적합하지 않다. 중거리 레이더와 비교하면 고가이다.	대상물의 형상을 인식하지는 못 한다.
~ 45도	~ 30도	근거리 36도 (원거리 16도)
~ 160m	~ 250m	100m
일반적으로 항공기나 선박용 등으로 널리 알려져 있는 레이더의 자동차 판. 날씨 등의 환경영향을 잘 받지 않고, 도플러 시프트가 비교적 큰 밀리파 대역의 전파를 사용해 자동차 용으로서의 특성을 확보하고 있다. 장거리 측정이 가능하기 때문에 고속주행에도 대응이 가능하다.	측정 거리 이외는 기능적으로도 중거리 레이더와 거의 비슷하지만, 거리가 늘어난 만큼, 고정확도 측정이 필요하기 때문에 가격이 비싸다. 둥글게 솟아오른 부분에서 광범위한 전파를 모음으로서, 여러 센서 사이의 위상차 등에 따라 방향 등을 파악한다.	위에 예로 든 덴소제품은 100m나 되는 장거리 영역의 측정이 가능해 비가 올 때도 강하지만, 일반적인 측정 거리는 10m 정도로서, 비 영향을 잘 받는다. 측정은 직선형태의 주사(走査, 스캔)로 이루어진다.

하지만 자율운전의 기술은 이미 모두 실용화가 시작된 상태이다. 여기서 언급한 것들은 그 대표적인 예일 뿐이다. 표 오른쪽의 덴소 레이저 레이더 이외에는 전부 보쉬제품이다.

그런데 자율운전을 위해 이 센서들이 전부 다 필요하냐면 그렇지는 않다. 그렇다기보다 많은 센서를 사용하고 싶어도 (진동이나 열과 같은 조건 또는 그에 따른 신뢰성, 심지어는 가격적인 요건까지 포함해) 차량탑재용 컴퓨터의 능력이 이 모든 것을 다 소화할 수 있느냐는 제약이 있다. 실시간으로 처리하려면 그렇게까지 많은

센서를 사용할 수는 없다. 예를 들면, 풀 컬러 스테레오 카메라조차도 그 성능을 전부 끌어내서 사용하기는 현재 상태에서 약간 현실적이지 않다고 한다.

근래에 많은 메이커에서 연구하고 있는 자율운전 차량에는 지붕 위에서 LIDAR(Laser Imaging Detection and Ranging)로 불리는, 레이저로 측정하는 장치가 사방을 살피면서 마치 차량전체를 덮듯이 수많은 센서들이 장착되어 있는데, 이것은 어디까지나 연구개발용이다. 가능한 많은 정보를 수집해 그 중에서 효율적인 알고리즘이나 로직을 찾아내게 되는데, 실용단

계에서는 외관은 물론이고 또한 내부 로직에 있어서도 간소화된다고 한다. 컴퓨터에 걸리는 부하를 줄이기 위해 최대한 간소화하는 것은, 처리속도 요구가 높은 제어에 있어서 기본이라 할 수 있다.

현재, 가격제약이 크지 않은 고급차에 사용되는 구성으로는 스테레오 카메라와 장거리 레이더를 조합해 전방을 커버하고, 근접차량 등의 검출에는 차체 4각에 중거리 레이더를 장착하는 식이다. 여기에 약간의 센서를 추가해 기능을 실현하는 것이 자율운전이 지향하는 방향일 것이다.

[LASER SCANNER]
레이저 스캐너는 무엇을 할 수 있을까?

자율운전 실험차의 지붕에서 회전하는 센서가 있다.
그것이 레이저 레인지 파인더(Range Finder), 통칭 레이저 스캐너이다.
레이저 스캐너는 무엇을 사용해 어떻게 주위를 보는 것일까?
발레오가 개발한 새로운 레이저 스캐너로 살펴보자.

본문 : 다카하시 이페이   사진 : 보쉬 / 덴소

실험차량은 슬림(Slim)함을 살려 추가 장착

실험차량에서는 좌우와 앞뒤로 똑같은 레이저 레인지 파인더를 설치한다. Velodyne 제품의 레이저
스캐너는 약 8000만원. 가격을 내리지 않으면 보급되기 어려울 것 같다.

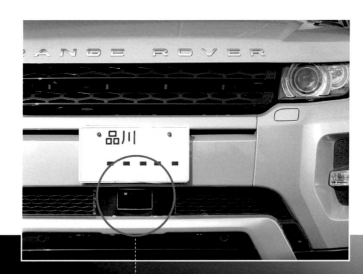

장착 후에도 외관적으로 눈에 띄지 않는 모습

탑재되는 차량탑재 센서 등의 조건과 똑같이 하려고 실험차량으로 선택한 것이 레인지로버 이보크.
나중에 장착했는데도 불구하고 앞 범퍼에 매립되어 있는 것은 봐서 알 수 있지만, 설치를 전제로 해
서 디자인하면 슬림(Slim) 함을 살려 눈에 띄지 않게 설치할 수 있을 것 같다.

발레오의 레이저 스캐너

몇 가지 광원을 미러에 반사시켜 개구부를 통해 쏜 다음, 반사
광이 돌아오는 시간을 측정함으로서 거리를 측정한다. 날씨나
주야 구별 없이 거리측정이 정확하고, 상대속도가 없어도 거리
를 측정할 수 있는 것이 레이저 레인지 파인더의 특징이다. 또
한 카메라의 시야각이 50도 정도인데 반해, 발레오 제품의 레
이저 레인지 파인더는 약 150도의 시야각을 주었다. 움직이는
물체의 인식에 있어서는, 트럭은 200m, 승용차는 150m, 보
행자는 50m 앞까지 감지가 가능하다.

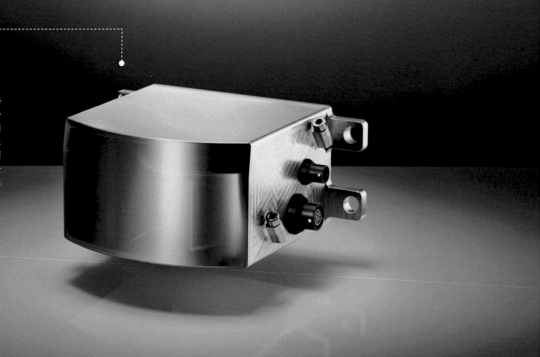

스캐닝하면서 시험주행

레이저 레인지 파인더가 24GHz의 밀리파 레이더와 결정적으로 다른 점은 상대속도가 없어도 측정할 수 있다는 점이다. 장파장 적외선을 사용하기 때문에 카메라와 비교하면, 악천후나 야간 같이 시야가 나쁠 때 강점이 있다.

레이저 스캐너에서는 이렇게 보인다.

난반사 필터를 사용하고 있다고는 하지만, 점으로 표시된 이 그림은 거의 실제 데이터가 표시된 모습이다. 4가지 색의 점으로 표시된 것은 2차원 레이저 레인지 파인더를 4단계 높이로 사용해 높이 방향을 측정하고 있기 때문이다.

스캔 주기를 빠르게 하여 스캔 시간을 단축

벨로다인 회사제품의 3차원 레이저 레인지 파인더는 원통 안의 레이저 소자를 사용해 15Hz로 주위를 스캔한다. IBEO 제품은 스캔 주기를 높임으로서 1회 스캔에 필요한 시간을 단축했다.

정보량은 의외로 적다.
그래서 처리속도가 빠르다.

이번에 발레오와 공동으로 개발한 레이저 레인지 파인더의 상세한 사양은 분명하지 않지만, 2차원의 멀티 빔으로 만들어서 싸게 만든 것은 확실하다. 더구나 정보량이 적기 때문에 처리속도를 높일 수 있다고 한다.

움직이는 것을 인식해
태그를 붙여 포착한다.

주차장을 출발해 인도를 건넌 다음 간선도로로 나가려는 모습. 진행방향으로 주차 중인 자동차가 늘어서 있고, 인도에는 보행자나 자전거가 지나다니는 모습이다. 이 시스템은 움직이는 것을 인식해 태그를 붙인 다음 연속적으로 포착한다.

구글의 자율운전 실험차량의 지붕에 뱅글뱅글 회전하는 장치가 있는 것을 본 적이 있는가? 그것이 레이저 레인지 파인더로서, 별칭으로는 레이저 스캐너이다. 원래 용도는 측량으로서, 레이저의 반사로부터 거리를 측정하기 때문에 오차가 몇 cm 밖에 안 될 정도로 뛰어난 정밀도를 자랑한다. 구글 자동차뿐만 아니라 많은 연구차량에 탑재되는 벨로다인 회사제품의 3차원 레이저 레인지디스파인더는 가격이 약 8000만원이나 한다. 더구나 시판을 염두에 두고 있을 때는, 지붕 위에서 이 장치가 회전하고 있어서는 현실적이지 못하다. 더 작은 레이저 레인지디스파인더가 독일의 IBEO나 일본의 호쿠요전기에서 발매되고 있다. 벨로다인 회사제품과 비교해 저렴하다고는 하지만, 그래도 아직 시판차량에 장착하기에는 많이 비싸다.

이번에 발레오가 이베오와 공동으로 개발한 레이저 레인지 파인더는 상세한 사양이나 가격은 미정이지만 기존품에 비해 확실히 작고 안쪽 길이가 짧다. 또한 3차원 레이더 레인지 파인더가 아니라 여러 개의 2차 레이저 레인지 파인더를 사용하기 때문에 가격도 훨씬 쌀 것 같다. 실제로 레인지로버 이보크에 탑재한 연구차량을 동행 시승해 보았다. 주차장에서 간선도로로 나오는 단계에서 화면에 표시된, 레이저 레인지 파인더의 측정 결과를 통해 그려진, "점 그림"과 카메라 화상을 비교해 본다. 맞은편에 주차되어 있는 차량의 범퍼가 그려지고, 보도와 도로 저쪽의 빌딩이 나타나는 것을 알 수 있다. 심지어 인도에 「Ped」라는 태그가 달린 보행자가 움직이는 것을 확인할 수 있다. 때때로 가늘고 긴 물체가 지나가는 것은 자전거이다. 카메라를 같이 사용해 움직이는 것을 인식하게 되는데, 크기와 높이, 속도를 통해 종합적으로 사람이나 자전거, 자동차(대 ·소)를 판단한 다음, 태그를 달아 같은 것으로 포착한다. 이 덕분에 움직인 앞뒤의 물체를 개별적인 것으로 인식하지 않고, 하나의 물체가 연속적으로 움직이고 있다는 것을 인식할 수 있다.

도로를 달리기 시작하자, 레이저 레인지 파인더가 앞뒤 차량의 범퍼나 좌우를 달리는 자동차의 측면에서 반사되는 것을 포착해 실시간으로 화면에 점 그림으로 그린다. 차량은 트럭과 자동차 같이 크기별로, 2종류로 나눈 태그를 붙여 포착하며, 신호나 교차로에서는 바이크나 자전거 그리고 횡단하는 보행자도 점 그림으로 그린다.

자율운전에 대한 활용은 물론이지만, 발레오에서는 4개의 카메라와 12개의 초음파 센서를 조합한, 「Park4U」라는 스마트폰을 사용해 무인으로 주차하는 시스템을 개발하고 있다. 자율운전에 대한 응용도 기대하고 싶은데, 뜻밖으로 일상적인 솔루션으로 등장할 것 같아서 기다려지는 바이다.

Autonomous Driving Reserch Car

자율운전 실험차 현황 총람

유럽, 미국, 일본의 대형 자동차 메이커와 대형 부품업체는 서로들 힘을 합쳐 자율운전 실험차를 제작하고 있다.
제각각 구현시기를 언급하면서 반응을 보고 있는 것 같다.
Part2에서는 현재 자율운전으로 주행실험을 하고 있는 자동차를 소개하겠다.

본문 : MFi   사진 : 다임러 / BMW / VW / 볼보 / GM / 렉서스 / 닛산 / 구글 / MFi

메 이 커		다임러	BMW	VW	Volvo
기본 차량		S클래스	5시리즈	파사트	대열주행
차 명		S500 INTELLIGENT DRIVE	Connected Drive	HAVEit	SARTRE
센 서	카메라	O	O	O	O
	레이더	O	O	O	O
	소나	O	O	O	O
	레이저 스캐너	X	O	O	X
	GPS	O	O	X	X
적용영역	시가지	O	X	X	O
	고속도로	O	O	O	O
	자동 주차	X	O	X	불명
협력관계		칼스루에 공과대학 측정·제어기술연구소/노키아	콘티넨탈	볼보 테크놀러지 컨티넨탈	리카르도 / 아 플 루 스 일리아더/테크나리아리서치& 이노베이션/아헨공과대학· 스웨덴국립연구소, 볼보 테크놀로지
실현시기		2010년대 말	비공표	불명	2014년
비 고		2013년 8월에 총거리 약 100km 의 시가지부터 교외도로까지 자율운전에 성공. 다임러는 독일국내 대학과의 연대를 강화하고 있다.	BMW의 실험차는 2011년에 제작한 것. 차선을 변경해 앞차를 추월할 수 있는 기능이 있다. 현재 다음 실험차를 개발 중이다. 콘티넨탈과 협력관계에 있다.	VW는 EU가 지금을 지원하는 프로젝트, 「HAVEit」에 참가. 고속도로에 한정된 자동운전 차량이다. 운전자 상태를 감지 하는 기능이 있어서 운전자가 조는 것 같은 경우에는 자동 운전기능을 정지한다.	STRTRE는 스웨덴의 국가 프로젝트로서, Safe Road Trains for the Environment의 두문자이다. 트럭과 승용차가 대열을 이루어 고속도로를 자동주행하는 실험 프로젝트, 최고속도는 85km/h

(MFi 편집부)

2000년대에 들어와 자율운전이 급속하게 주목을 끌게 된 계기는, 미국국무부의 연구기관인 DARPA (Defence Advance Research Project Agency)가 주최한 자율운전 차량의 경기 때문이었다. 2003~2007년까지 3회가 개최되었다. 그 3회 가운데 가장 주목을 끈 것은 2007년의 DARPA 어번 챌린지였다. 이 대회에 현재도 자율운전기술 개발경쟁에 영향력을 갖고 있는 스탠포드대학과 카네기멜론대학 팀이 참가했었다. 이 당시 스탠포드대학의 팀 리더를 맡았던 인물이 현재의 구글 개발팀 리더이다. 카네기멜론대학의 기술개발 리더도 구글에 재직하고 있다. 즉 DARPA, 스탠포드대학, 카네기멜론대학, 구글이 연계되어 있다. 여기에 GM이나 VW, 도요타, 닛산 등이 연구자금을 대거나, 협력관계를 맺으면서 자율운전 기술을 개발하고 있다. 현재는 메이커와 대학, 연구소, 대형 부품공급업체가 복잡한 협력관계를 맺고 있다. 아마도 표면에 드러나지 않은 수면 아래에서는 더 복잡한 움직임이 있을 것이다.

최근에는 클라우드 컴퓨팅이나 데이터 시큐리티, 맵핑 기술 등, 자동자 메이커의 본업 외의 기술을 도입하는 흐름도 두드러지고 있다. 그 때문에 각 메이커는 실리콘밸리에 연구소를 만들어 IT업계 사람과 기술을 모으는데 필사적이다. 어떤 식이든 간에 지금 자율운전 기술개발의 중심은 미국이다. 이것을 유럽과 일본이 쫓아가는 형국이다.

앞서의 표는, 현재 실험차량으로서 도로나 테스트 코스를 달리고 있는 자율운전 차량이다. 탑재되어 있는 센서나 기술에 대해서는 편집부의 일부 추측을 반영해 작성한 것이다. 모든 차량이 근 2~3년 동안에 개발·제작된 실험차량이다. 실험차량이 명칭을 뵈도 각 메이커의 생각이 숨어 있다. 2년 후에 이 표를 갱신한다면 전혀 다른 표가 될 것이다.

GM	TOYOTA	NISSAN	BOSCH	CONTINENTAL	Google
캐딜락	렉서스LS	N리프	BMW 3시리즈	CVW 파사트	도요타·프리우스
SuperCruise	Integrated Safety	Autonomous Drive	Automaged Driving	Automated Driving	Self-Driving Car
O	O	O	O	O	O
O	O	X	O	O	O
O	O	X	O	O	O
X	O	O	O	X	O
O	O	O	O	O	O
X	O	O	X	O	O
O	O	O	O	O	O
불명	O	O	O	O	O
		AIST(산업기술종합연구소), 카네기멜론대학, 아이오와대학, 옥스퍼드대학, 스탠포드대학, 매사추세츠공과대학, NASIOT (나사첨단과학기술대학원대학), 버지니아공과대학교통운수연구소, RSSCRTC(러시아국립로봇·사이버네틱기술센터), 국내대학 다수		IBM 시스코시스템	콘티넨탈
2017년까지	2010년대 중반	2020년까지	2020년 이후	2016~2025까지 단계적으로	2017년
GM은 카네기멜론대학과 협력관계에 있었다. 2017년에는 캐딜락 브랜드로 자동운전 기술을 탑재한 차량을 발매한다고 발표한 바 있다.	도요타가 자동운전 차량 발표장으로 선택한 곳은 모토쇼가 아니라 CES(세계최대의 일렉트로닉스 관련 쇼). 현재 탑재 가능한 센서를 다 장착하고 있다.	시가지용, 고속도로용 등, 다양한 사양의 자동운전 실험차를 제작하고 있는 상태. 어떤 것이든 기본차량은 리프이다.	실험차 2대를 미국과 독일에서 한 대씩 개발에 사용하고 있다. 벨로다인 회사제품의 레이저 스캐너를 탑재.	2011년에 제작한 차량으로서, 사용하는 센서는 시판품으로 특별한 것이 없다. IBM과 시스코 시스템과의 협업을 시작했기 때문에, 다음 자동운전 차량은 클라우드 컴퓨팅을 사용할 것으로 예상된다.	이미 10대 이상의 실험차로 50만km 이상을 주행하고 있다. GoogleMapS의 지도서비스도 갖춘 자동운전의 혁명가적 존재.

BMW **NISSAN** TOYOTA CONTINENTAL BOSCH

Autonomous Drive (자율주행)

명확한 개발 일정과 개발체제로 실적을 쌓아올리다.

일본 자동차 메이커에서, 아니 세계적으로 봐도 닛산은 자율운전기술 개발을 공공연히 진행하는 메이커이다.
기본 차량은 리프. 2020년까지 자율운전기술을 탑재한 시판차를 내놓겠다고 언급하고 있다.

본문 : 스즈키 신이치(MFi)   사진 : 닛산/MFi

Specifications

제작년도 : 2013년 / 기본 차량 : 닛산 리프 / 센서 : 장거리레이더(LRR)×앞2개-뒤2개, 중거리레이더 4개(MRR)×앞2개, 뒤2개, 초음파센서, 스테레오 카메라×앞1개, GPS(사양에 따라 다름) / 도로 : 고속도로 /
협력 : AIST(산업기술종합연구소), 매사츄세츠공과대, 스탠포드대, 카네기멜론대, 옥스퍼드대, 도쿄대, 주오대, 히로시마대, RSSCRTC(러시아 로봇 사이버네틱기술 센터), 와세다대, 게이오대 등

Autonomous Driving **in City** (시가지에서의 자율주행)

시가지의 자율운전을 상정한 실험차. 앞에는, 2개의 레이저 스캐너(바깥쪽을 향해 각도를 벌려 장착)와 근거리 시야 모니터용 카메라 그리고 메가 픽셀 대응 CMOS 난안카메라가 장착되어 있다.

뒤 범퍼에도 레이저 스캐너를 장착. 또한 양 측면에도 장착되어 있기 때문에 레이저 스캐너는 총5개. 후방에 자율운전용 컨트롤 유닛을 탑재하고 있다. 밀리파 레이더는 탑재하지 않았다.

익숙한 근거리 시야는 주위 10m를 비춘다. 전후 레이저 스캐너는 100m까지 볼 수 있으며, 측면에 장착한 레이저 스캐너는 30m를 감지한다. 레이저 스캐너의 측정오차는 상당히 미세하다고 한다. 화상각도를 넓히면 먼 거리를 감지하지 못한다. 이 레이저 스캐너는 구글카에 탑재한 360도 스캔 타입이 아니다. CMOS 단안카메라는 120m 앞까지 감지한다.

지금 전 세계 자동차 메이커 가운데 자율운전 기술개발에 가장 힘을 쏟고 있는 회사는 닛산자동차일지도 모른다. 리프를 기본으로, 자율운전기술을 탑재한 실험차를 몇 대 만들어 연구를 거듭하고 있다. 2020년까지 자율운전기술을 탑재한 자동차를 개발해 몇 차종을 시판하겠다고 선언한 상태이다. 많은 자동차 메이커가 개발거점으로 삼고 있는 실리콘밸리에 지사를 열어 연구체제를 갖추고 있다. 일본에서도 공도운전지원기술이라는 명목으로 번호판을 취득해 일본 내에서의 공도주행이 가능해졌다. 또한 이미 자율운전 개발전용 테스트 코스도 건설 중이다. 자율운전연구에서는 세계 최고 수준의 스탠포드대학이나 카네기멜론대학, 옥스퍼드대

학, 도쿄대학 등, 세계 유수의 연구기관 및 신흥기업과 공동으로 개발하고 있다.

닛산은 이 분야에 많은 노력을 쏟고 있다.

현재 닛산의 자율운전 실험차량(닛산은 Automated가 아니라 Autonomous를 표방한다)은 사양을 바꾸어 여러 대를 제작하였다. 공통점은 레이저 스캐너를 탑재하고 있다는 점이다. 닛산에서는 자율운전 차량의 센서들로 레이저 스캐너와 근거리 시야 모니터 그리고 필요에 따라 밀리파 레이더를 사용한다. 다만, 실제 제품으로 나오는 단계에서는 레이저 스캐너를 사용하지 않을지도 모른다고 한다. 현재 상태에서는 자율운전에 관한 데이터를 가능한 많이 수집하는 단계이다. 그러기

위해 레이저 스캐너를 사용하는 것이다. 어디까지 소형 센서로 자율운전을 실현할 수 있을까. 실현할 경우에는 고속도로부터일까, 시가지부터일까, 자동주차부터일까.

기본 차량으로 전기자동차 리프를 선택했지만, EV가 아니면 자율운전을 못하는 것은 물론 아니다. 다만, EV와 자율운전 동작의 속도가 상당히 궁합이 잘 맞는다는 것은 말할 수 있다고 한다.

Autonomous Driving **on Freeway** (고속도로에서의 자율주행)

고속도로에서의 자율운전을 위해 앞쪽에 밀리파 레이더를 장착. 이 밀리파 레이더는 200m까지 주사(走査)할 수 있는 장거리 레이더(LRR)이다. 레이저 스캐너는 앞쪽과 뒤쪽 그리고 양 측면 각각 2개소씩 총 6개소에 장착되어 있다.

차량 후방에는 비스듬한 후방을 센싱하는 레이더가 장착되어 있다. 측정거리가 70m이기 때문에 단거리 레이더라 해도 무방할 것이다. 근거리 시야 모니터는 시가지용과 똑같이 장착되어 있다.

고속도로에서의 자율운전을 상정하고 있는 만큼, 비스듬한 전방 쪽의 감지가 강화되었다. 고속도로에서의 자동추월이나 옆 차선을 달리는 차량의 감시가 더 중요해지기 때문이다. 또한 앞 범퍼에 장거리 레이더를 탑재하는 것은 고속도로 자율운전에 필수품이기 때문일 것이다. 현재 사양은 센서가 과도하다 싶을 정도로서, 우선은 많은 센서를 통해 가능한 많은 정보를 수집하겠다는 뜻일 것이다.

일본에서 처음 번호판를 취득한 「고도의 운전지원 기술차량」

닛산은 전기자동차에 자율운전기술을 투입한 차량을 일본 내에서도 운행하고 있다. 그 때문에 정식으로 번호판을 취득했다. 현재의 법규제 상황에서는 미국처럼 자율운전 실험차량을 공도에서 주행하는 것이 어렵다. 그래서 Autonomous Driving을 Advanced Driving Assistance System(고도의 운전지원 기술)으로 해서 번호판을 받은 것이다. 탑재한 센서 등은 거의 동일하다. 하지만 세세하게 살피면 차이도 있다. 닛산이 자율운전용 실험차량을 몇 대나 제작했는지는 불명확하지만, 아마도

다른 메이커보다는 많을 것이다. 자율운전기술의 개발경쟁은 유럽과 미국, 일본에서 날로 심해지고 있다. 일본에서도 공도에서의 주행으로 데이터를 모으지 않으면 유럽과 미국에 뒤처질지 모른다. 이번에 번호판을 취득할 수 있었던 것도 정부부처의 그런 생각이 반영된 것이다. 지금은 어쨌든 주행을 통해 데이터를 수집하는 시기일 것이다. 2020년까지 앞으로 5년이 채 안 남았다. 앞으로의 기술개발 과정이 기대된다.

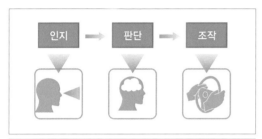

운전지능의 3가지 요소를 자동차가 대행

운전지능의 3가지 요소는 인지→판단→조작 순이다. 인지는 센서가 담당하지만, 가장 어려운 것은 판단이다. 얼마나 안전하고 자연스러운 판단을 할 수 있느냐. 또 거기에 클라우드 컴퓨팅을 사용할 수 있느냐 등등, 개발과제는 아직도 많다.

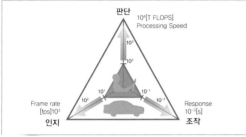

자동차는 이미 인간의 능력을 넘어서 있다.

3가지 요소 모두, 이미 자동차에 탑재된 기기 쪽이 인간보다 능력적으로는 뛰어나다고 한다. 어디까지나 숫자상의 이야기이긴 하지만 말이다. 조작 속도에 관해서는 이 그림처럼 자율운전 쪽이 확실히 빠를 것이다.

시가지에서의 자율운전은 복잡

CEATEC 전시장에서 닛산이 데모주행을 했다. 시가지를 모방한 장소에서 표지를 인식하고, 우측에서 자동차도 접근하자 차량은 일시 정지했다. 시가지 자율운전에는 아마도 공도에서의 실증실험 데이터가 중요할 것이다.

고도의 운전지원기술 탑재차량이 구현하는 기능

차선 내 주행이나 정체말미에서의 자동정지는 이미 실현되어 있는 기술. 저속 또는 정지차량의 자동추월 등은 장벽이 높은 기술일 것이다.

번호는 2020

번호판의 번호는 2020이다. 말할 것도 없이 닛산이 자율운전기술 실용화를 목표로 한 2020년에서 따온 것이다. 자동차 사양도 22페이지 것과 약간 다르다. 하지만 Autonomous Drive와 Advanced Driver Assistance System 내용물은 거의 동일할 것이다.

미타무라 다케시 (Takeshi MITAMURA)

닛산자동차 종합연구소 · 모빌리티서비스 연구소 소장

글로벌하게 연구를 진행하기 위해 경쟁이 치열한 실리콘밸리에 지사를 설립.
그 중심인물에게 개발상황과 계획을 들어보았다.

본문 : 세라 고타   사진 : 닛산/MFi

—— 2020년까지 여러 차종에 탑재할 예정이라고 발표했다. 구체적으로는?

「사양을 어떻게 할 것인지 의논하는 단계입니다. 지금 눈앞에 있는 것은, 현시점에서의 기술을 모은 프로토 타입(Proto-type)입니다. 상품화할 때, 기술은 그 일부분에 지나지 않습니다」

—— 개발차량이 시가지용과 고속도로용으로 나뉘어 있는데, 앞으로도 병행해서 진행하게 되는가?

「환경적인 변동요소가 적은 것이 고속도로임에

그대로 상품으로 이어질 것 같습니다. 센서 등과 같은 장치는 저가격화, 양산대응을 포함해 검토해 나갈 필요가 있습니다」

—— 통신 시스템으로「외부」와 연결되어 있을 필요가 있나?

「있으면 당연히 사용할 것입니다. 다만, 정보통신에 의존한 시스템으로 해 버리면, 외부에서 얻을 수 있는 정보가 없으면 달리지 못하게 됩니다. 그렇기 때문에 기본적으로는 자율적으로 주행하는 것을 전제로 개발하고, "연결(Connected)"해

—— 대형 부품공급업체도 자율운전 개발에 적극적인데, 자동차 메이커로서는 어떻게 차별화할 생각인가?

「부분적으로는 표준기술이 될 것으로 생각합니다. 섀시기술도 그렇지만, 최종적으로 자동차가 될 경우에는 OEM고유의 요소가 더해집니다. 자율운전도 완전히 동일한 구조라고 생각합니다」

—— 절대로 부딪치지 않는 물고기처럼 집단으로 주행하는 로봇 카「EPORO」기술이 자율운전기술에 적용될 가능성은?

「자율적으로 달리는 것을 전제로 개발을 진행하고, 외부로부터 얻을 수 있는 것은 사용해 나갈 것입니다」

는 틀림없습니다. 그렇다고 해서 고속도로를 주체로 한 자율운전이 최초의 제품이 되어야 할 것인가에 대해서는 의논이 필요합니다. 고객 입장에서 본 가치도 있고, 법규제도 있습니다. 다양한 시나리오가 있기 때문에 신중한 계획을 진행하려고 생각하고 있습니다」

—— 하드웨어적으로는 실현가능한 수준까지 와 있나?

「지금 보고 있는 상태 그대로 상품화되는 것은 아닙니다. 다만, 기본적인 방침이나 골격 구조는

서 얻을 수 있는 인프라 쪽 정보 혹은 차량 간 통신에서 얻을 수 있는 것은 사용해 나갈 것입니다」

—— 외부로부터의 공격에 대한 안전성 확보에 대해서는 어떻게 생각하나?

「항상 연결되어 있을 필요가 있을지 어떨지는 차치하고, 자동차 생활이라는 측면에서 보았을 경우에는 반드시 어딘가에서 외부와 연결해 정보를 업데이트할 필요가 있습니다. 정도의 문제는 있지만, 외부로부터의 공격에 대한 안전성은 대비해 나가야 한다」고 생각합니다」

「EPORO에서 구현한 알고리즘은, 이번 프로토 타입에는 들어가지 않았습니다. 물고기가 다른 물고기와 부딪치는 것을 본적이 없습니다. 거기에는 뭔가 힌트가 있는데, 그것을 기계 시스템으로 치환함으로서 간단한 계산 알고리즘으로 치환할 수 있지 않을까 생각하고 있습니다. 최종적인 기술로까지 반영하려면 시간이 필요하지만, 연구는 계속해 나갈 것입니다」

현 상태 운전기술 시스템의 연장선상으로서 실용화할 것인지, 그렇지 않으면 다른 개념으로 실용화할 것인지도 과제이다. 기술개발을 진행하면서 자율운전을 어떻게 정의할 것인지에 대한 논의를 모아나간다.

"부딪치지 않는" 자동차를 실현하기 위한 기술개발의 일환인, 집단주행 로봇 카「EPORO」. 통신을 통해 서로의 상태를 인지함으로서 충돌을 피하고 함께 주행한다.

ConnectedDrive

BMW는 고속도로부터 자율운전을 시작한다

자율운전에서도 BMW다움을 잊을 수 없다. BMW는 이렇게 말하고 싶은 것 같다.
물론 정체나 장거리 운전을 대체해 주는 수단이기도 하지만, 자율운전에서도 드라이빙하는 즐거움을 잃지 않겠다는 자세이다.

본문 : 가와바타 유미   사진 : BMW

Specifications

제작년도 : 2011년 / 기본 차량 : 5시리즈 / 센서 : 레이저 스캐너×2개, 장거리 레이더(LRR)×앞뒤 1개씩, 중거리 레이더(MRR)×전후좌우 각 1개씩, 초음파센서, 단안카메라, GPS
/ 도로 : 고속도로 / 협력 : 콘티넨탈

뮌헨과 뉘른베르크를 잇는 아우토반을 자율주행하는 BMW 5시리즈. 제한속도에 맞춰 가속하고, 전방에 차량이 있으면 적절한 시점에 추월에 나선다.
최고속도는 명확하지 않지만, 130km/h 이상의 영역에서는 센서 외에도 3D 디지털 맵을 같이 사용하는 것을 보면, 130km/h 이상 영역에서 사용하는 것도 상정하고 있음을 엿볼 수 있다.

「부분적 자율운전」에서 「고도의 자율운전」으로 이행

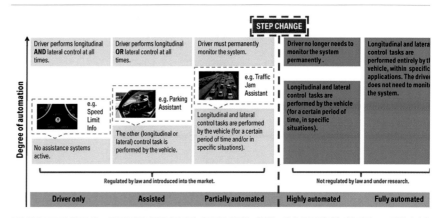

앞차를 쫓아가는 대열주행이나, 앞차를 추월하는 등, 다양한 주행패턴으로 이미 5000km 이상이나 되는 거리를 아우토반 위에서 주행 실험하고 있다. 뮌헨 같은 시가지에서는 통근 시간 정체가 심한만큼, 실용화에 대한 기대도 크다.

독일 연방도로교통 연구소(BnsASt)에 의한 자율운전의 정의. 운전자가 차량을 제어하는 단계부터 주차지원 같은 운전보조, 정체 시의 운전지원 같은 부분적인 자동화까지는 현행 법률의 범위에서 시장에 투입되고 있다. 하지만 장시간에 걸쳐 운전자의 감시를 필요로 하지 않는 고도의 자동화, 위험 회피를 자동으로 하는 완전자동화에 관해서는 연구단계로서, 법률이 정비되어 있지 않다.

BMW 기술의 흐름. '연구 개발'에서 '현실'로

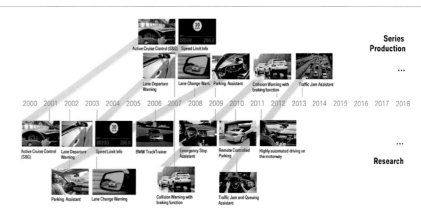

아우토반에서 특징적인 것은, 고속영역에서의 주행 외에 나들목 부근에서 빠르게 브레이크를 걸어 곡률이 심한 커브를 돌면서 인터체인지를 내려가는 모습이다. 독일다운 교통상황을 느낄 수 있다.

자동화에 대한 연구개발은 2000년에 능동 정속 주행부터 시작되었다. 차선이탈경고, 제한속도표시, 차선변경경고, 주차지원 같이 시판차량에서 익숙한 것부터, 심장정지 등의 긴급 상황에서 갓길에 차를 대고 정차하는 긴급정지, 서킷에서의 운전기술을 향상시키는 트랙 트레이너, 원격주차 등과 같이 연구개발 단계인 것도 있다.

2011년, BMW가 캘리포니아에 있는 라구나 세카 서킷에서 자율운전 시범주행을 했다. 그 이름도 「트랙 트레이너」였다. 운전석에 앉아서 조향 핸들 상의 버튼을 눌러 자율운전을 작동시키면 가속페달이나 브레이크의 조작, 조향 모두 테스트 드라이버의 이상적인 주행을 재현한 것이다. 라구나 세카의 명물인 코크 스크류를 향해 자율운전으로 돌진하는 장면을 상상하는 것만으로도 전율이 일어나지만, 한 번이라도 운전석에서 프로의 주행을 체험하게 되면 스스로 달릴 때는 랩 타임이 올라간다고 한다. 클로즈드 서킷이라는 한정적인 장소이긴 하지만, 그래도 BMW다운 자율운전 시범주행이었다.

그리고 몇 년 후, 커넥티드 드라이브라는 이름으로 아우토반에서 자율운전 실증시험을 한다고 발표했다. 기술에 대한 상세한 해설을, BMW그룹 리서치&테크놀로지에서 고도의 자율운전 프로젝트 책임을 맡고 있는 베르너 후버박사에게 물어보았다.

「뮌헨에서 북쪽을 향해 뉘른베르크로 빠지는 아우토반, A9의 약 170km를 테스트 무대로 선택했습니다. 트랙 트레이너처럼 운전 기술 향상이나 운전하는 즐거움 창출을 지원하는 것은 물론이지만, 일상적인 사용방법에 있어서 아침저녁 출퇴근 시간의 정체나 아우토반을 담담하게 달리는 모습은 자율운전에 적합하다고 생각합니다. 독일에서는 출퇴근 때 아우토반을 사용하는 사람이 많아 고속에서의 자율운전기술 연구개발이 중요합니다」

총 4개의 초음파센서, 앞에 단안카메라, 총 4개의 레인지 파인더, 앞뒤로 탑재된 3개의 중장거리/근거리 밀리파 센서들까지 다합하면 12개이다. 나아가 GPS에 GSM모듈을 조합해서 사용한다.

「종래의 ACC와 마찬가지로 조향 핸들에 장착된 버튼을 누르면 자율운전으로 전환되면서 시스템이 작동합니다. 흰 차선을 이탈하지 않고 앞 차를 따라가면서 달리

는 것은 시판되는 ACC와 똑같습니다. 다만 자율운전에서는 다음 몇 초 뒤에 어떤 일이 일어날지를 시스템 쪽에서 판단해 자동으로 제어합니다. 예를 들면, 전방 차량에 접근했을 때 후속차량과의 거리나 좌우 차선의 차량을 감지해 무리 없이 추월할 수 있을지 판단한 다음, 가속페달 조작이나 조향을 합니다. 130km/h까지의 속도영역은 센서로 현상을 파악하면서 달리고, 그 이상의 속도영역에서는 디지털 맵도 활용합니다」

130km/h 이상의 고속영역에 있어서 자율운전을 지향하고 있다는 점이 놀랍기는 하지만, 유럽 고속도로의 최고속도가 130km/h 정도이고, 독일의 아우토반에서는 130km/h 이상으로 달리는 장면이 일상적인 출근풍경인 점을 감안하면 이해는 간다. 현재 상태에서 센서들은 일반적인 자율운전에서 필요로 하는 것과 동일해서, 고속주행을 한다고 특별히 추가되는 센터들은 없다. 다만, 장래적으로는 스테레오 카메라를 사용하거나 클라

- Laserscanner
- Rader
- Kamera
- Ultraschall

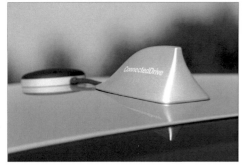

■ GPS유닛

디퍼렌셜 GPS와 GSM 모듈을 같이 탑재해 자차위치를 측정한다. 정확도를 높이는 보정계수 제공 및 시스템 운용상황 등의 정보를, 수신기로 얻을 수 있는 기능이 내장되어 있다.

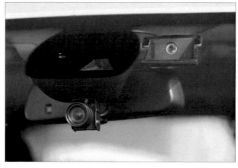

■ 카메라

단안카메라는 다른 차의 존재 감지와 교통상황을 감시하기 위해 사용하고 있다. 현 상태에서는 단안카메라이지만, 차세대 연구차량에서는 스테레오 카메라 사용을 검토하고 있다.

■ 레이저 레인지 파인더

이베오 회사의 2차원 레이저 레인지 파인더로 대상물과의 거리를 측정한다. 170도 시야각에 상대속도가 제로라도 측정이 가능하며, 야간이나 악천후에 강하다는 등의 특징이 있다.

우드를 경유해 데이터 센터와 연결되는 시스템 등도 검토한다고 한다.

「센서 개발에 있어서는 부품공급업체와 공동으로 진행하고 있습니다. 센싱과 자차위치 파악이 자율운전에 있어서 중요하긴 하지만, 자동차 메이커로서 다루어야 할 핵심기술은 드라이빙 전략 구축과 경로계획에 있다고 생각하고 있습니다. 그 결과가 차량을 어떻게 제어하느냐로 이어집니다」

자율운전에 있어서의 일련의 동작을 감지, 예측, 판단, 제어로 구분하자면, 「감지」는 기존의 고도운전지원 단계에서 하고 있고, 자동으로 차량을 「제어」하는 것에 관해서는 기술적인 과제를 해결해 나가는 중이다. 남은 것은 교통 환경 속에서의 「예측」과, 경로 및 주행방법에 관한 「판단」에 따라 서킷 주행을 즐기거나, 지루한 정체 중의 운전을 대신해 주거나 하면 자동차의 맛도 바뀔 것이다. 최종적으로 제어하는 단계까지 도달하는데 있어

서 기술적인 과제를 착착 해결하는 한편으로, 자율운전에 관한 윤리적인 이론이나 법규정비도 과제이다. 독일에서는 고령자라도 적극적으로 운전을 하는 편인데, 고령자가 실수로 아우토반을 역주행하거나 운전 중에 심폐정지가 발생하면서 사고가 일어나는 등의 뉴스가 보도되고 있다.

「사람과 자동차의 역할에 대해서는 아직 많은 토론이 이루어지고 있는 단계입니다. 현 단계에서는 어디까지

■ 밀리파 레이더

악천후나 야간에도 감지가 가능하기 때문에 다른 센서와 비교해 원거리를 보는데 적합하다. 근래에 사용이 증가하면서 가격이 싸졌다고는 하지만, 여전히 고가임에 틀림없다.

■ 초음파 센서

온도나 습도에 따른 보정이 필요하고, 10~15m로 근거리 감지용이지만, 작고 가격이 싸다. 유럽에서는 주차할 때의 장애물 경고용으로 탑재된다. 좌우에 있는 4개의 초음파 센서를 자율운전에 이용한다.

■ 자율운전용 ECU

센서로 감지한 데이터를 알고리즘에 걸어 자율운전에 필요한 정보로 처리한다. 후버 박사에 따르면 「전기전자부품과 ECU 설계가 가장 중요」하다고 한다.

자율운전 실증실험차량의 사이드에는 커넥티드 드라이브 문자가 선명하다. 추종주행은 물론 단독적인 자율주행도 가능하다. 계획했던 주행시험을 착실하게 진행 중이다.

고속도로에서의 고도운전지원과 자율운전의 가장 큰 차이는 추월 장면이다. BMW는 이와 같이 도로 상에서 변화가 발생했을 때, 운전 전략을 세우거나 적절한 경로를 계획하는 부분을 주시해 연구를 진행하고 있다고 한다.

나 인간의 의사로 자율운전으로 전환한다는 것을 전제로 해서, 최종적인 제어는 인간 쪽에 있다고 보고 있습니다. 인간의 실수에 대한 경고나 사고로 이어지는 상황을 피하는데 있어서는, 짧은 시간에 자동차를 안정적으로 제어함으로서 최종적인 제어를 인간에게 돌려줄 방침입니다. 자동차 성능이 똑같은 이상, 자율운전이라도 사고는 일어날 것으로 예측되므로, 토론뿐만 아니라 과학적으로 자율운전의 유무에서 발생하는 사고의 충격을

따져봐야 합니다」

BMW에게 있어서 자율운전이란, 지루한 상황을 시스템에 맡김으로서 자동차가 원래 갖고 있는 운전에 대한 즐거움을 충분히 맛볼 수 있는 기술이라 할 수 있다.

BMW　　NISSAN　　**TOYOTA**　CONTINENTAL　BOSCH

Integrated Safety

Vertual co-driver라는 개념

도요타가 북미에 갖고 있는 테스트 코스 내를 센서로 가득 찬 실험차가 달리고 있다.
2013년에 공개된 이 자동차는 일반도로에서 데이터를 수집하고 해석하는데도 일익을 담당하고 있다.

본문 : 마키노 시게오　　그림 : 도요타

Specifications

제작년도 : 2012년 / 기본 차량 : 렉서스 LS
/ 센서 : 레이저 스캐너, 근거리 레이더(SRR) (앞쪽면 좌우 3세트, 전방정면), 적외선 레이저(앞정면), 단안카메라(앞쪽면 좌우 각1, 앞정면1)

레이저 스캐너

잘 알려진 벨로다인은 차량주위의 데이터를 얻기 위해 탑재하고 있다. 매초 10회 정도 회전하면서 일정한 조사각도로 레이저 빛을 송수신해 자차 주위에 있는 물체와의 거리를 계측한다.

근거리 레이더

밀리파를 사용하는 것으로 생각된다. 2대가 세트가 아니라 기능을 분담하고 있는 것 같다. 근래 이런 송류의 레이너는 가격이 떨어지면서 경자동차급에서도 사용하게 되었다.

GPS 안테나

1m 이상 간격을 두고 설치되어 있다는 것은, 다양한 수신 효과를 노리고 위치정보 정확도를 높이기 위해서일 것이다. 외부정보 수취는 이 안테나뿐이다.

측시(側視) 카메라와 레이더

직사각형의 검은 상자는 횡방향을 향한 카메라이고, 그 아래로 좌우 3세트씩 있는 것이 레이더이다. 우측 페이지 사진과 같이 보기 바란다. 운전자의 사각을 없애는 센서이다.

도요타는 「자율운전차」라고 말하지 않는다. 사회의 일원인 자동차를 더 안전한 탈 것으로 만드는 것이 개념이기 때문에 인터그레이티드 세이프티라 부른다. 목표로 하는 것은 Vertual co-driver(가상의 공동운전자)이다. 마치 조수석에 다른 누군가가 있는 것 같은, 혹은 도로교통 전체를 지원해 주는 누군가가 있다는 식의 발상인 것이다. 이 페이지의 사진 속 실험차량은 미국에서 운용되고 있다.

일본에서는 "어드밴스드 드라이브 어시스트 카"라는 이름으로 다른 형식의 실험차량을 테스트 중이다. 주요 기능은 자율적으로 차선을 인식하면서 차량속도와 진로를 자동으로 관리하는 것으로서, 달리 말하면 조향 핸들 조작의 한 영역을 자동화하고 있는 것이다. 이것도 「보조」가 목적으로, 자율운전이라는 명칭은 쓰지 않는다.

도요타의 FR(Future Project)부와 제어 시스템 선행 개발부는, 「전방 차량과의 거리를 일정하게 유지하면서 차선 내에 머물러 안전하게 달리는 기술은 가능한 빨리 도입하고 싶다」고 한다. 또한 클라우드 정보를 앞으로 이용할 지의 여부는 차치하고라도, 현 시점에서는 자율형을 지향한다고 한다. 미국과 일본에서 공개한 실험차량은 각각 조향 핸들 조작 일부를 자동화하고 있다. 상세한 것은 불명확하지만, 아마도 도로설계 요건 안에 있는 커브 길에서의 법정속도 내라면 운전자를 대신해 운전할 수 있지 않을까 추측된다.

조향과 제동 / 가속을 자동화하는 동작 부분은, 현재 상태에서 보유 중인 장치로 충분하다고 한다. 센서에 대해서는, 현재 시판차량에 장착하고 있는 밀리파 레이더에서는 100~150m 앞까지 밖에 보이지 않지만, 더 멀리까지 보이게 되면 제어의 세계가 바뀔 것이라고 한다. 미국 쪽 실험차량에는 레이저 스캐너가 탑재되어 있어서 사방을 감시할 수 있지만, 일본의 차선 내 주행을 보조지원하는 실험차량은 시판차량용 센서를 그대로 사용한다.

운전자는 앉아만 있을뿐

테스트 코스 내를 주행할 때, 운전자는 조향 핸들을 잡지 않는다. 센서에서의 정보를 토대로 자차위치를 특정해 차선 안에 머물면서 주행한다. 그러기 위해 조향도 한다. 아웃 인 아웃(Out-in-out) 주행도 가능하다고 한다.

랙 드라이브 방식 전동 동력조향장치

원래의 렉서스 LS에 탑재되어 있는 랙 드라이브 형식의 EPS(Electronic Power Steering)와 똑같은 것을 실험차량에도 장착하고 있다. 주차지원에 필요한 추력을 얻기 위해 상당히 굵은 외관을 하고 있다.

앞뒤 2개의 GPS 안테나

복합적인 판단을 필요로 하는 회피행동

중요한 점은 시스템과 운전자 사이의 소통이라고 한다. 주체가 어느 쪽이냐는 면에서는, 도요타는 운전자가 주체임을 주장하고 있다. 그렇기 때문에 무언가 운전지원을 추가하는 경우에도 운전자의 조작에 개입하는 타이밍이 중요하다고 생각하고 있다. 미래의 방향에 대해서 물었더니 「당분간은 Automated Assist를 지향한다. Autonomous라는 표현은, 운전자가 없어도 자동차가 이동할 수 있다는 오해를 줄 수 있지 않나하는 것을 우려하고 있다」는 대답이었다.

다른 주행차량의 존재와 그 움직임을 살피면서, 전방장애물을 회피. 전방시야뿐만 아니라, 측방의 정보검출도 필요로 한다. 실제 노상주행에서 당연히 조우하는 상황이지만, 고도의 정보처리가 요구되는 복잡한 행동이다.

운전자가 조향핸들을 조작할 때의 행동을 우측 사진을 사용해 생각해 보자. 주차해 있는 자동차를 피해 빠져나가는 동작, 혹은 편도 2차선 이상인 도로에서 앞차를 추월하는 차선 변경 동작이다.

먼저 조향핸들을 조작해야 하는 시점을 측정한다. 후방에서 고속으로 달려오는 자동차는 없는지, 운전석 쪽에서 사각에 들어있는 위치에 자동차는 없는지를 확인한다. 정차되어 있는 자동차를 피할 때는 인도에도 주의한다. 그리고 조향핸들을 우측으로 틀었다가 바로 왼쪽으로 되돌린다. 아주 짧은 시간에 이런 동작을 하는 것이 인간이다.

조향핸들을 틀기 시작할 때는 먼저 「감각」을 열어놓는다. 스티어링 랙이 움직이기 시작해 앞바퀴로 조향각이 생기는 모습을 운전자는 먼저 손으로 느끼고, 풍경의 변화를 통해 눈으로 느끼고, 보디에서 생기는 횡력을 몸으로 느낀다. 어떤 시점에서 조향핸들을 되돌리기 시작할지는 지금까지의 운전경험이라는 데이터 속에서 끄집어내, 다시 손의 감촉과 눈에 비치는 풍경과 몸으로 느끼는 횡력에 의존해 조작한다. 전혀 의식하지 않더라도 자동차를 운전했던 경험이 조향 조작을 무의식 동작처럼 해 준다.

그러면 이것을 자동으로 재현할 수는 있을까. 운전자의 조작을 자동차에 기억시키고 그것을 재현시키는 것이라면 정확하게 재현해 줄지도 모른다. 그러나 시시각각으로 변하는 자차의 진로와 차속을 공간좌표로 기억하고, 기기에 순간마다의 전후좌우, 상하의 가속도 데이터를 더한다고 하더라도 노면의 상태가 바뀌면 수정이 필요할 것이다. 이 노면에서, 지금 이 자동차로라는 조건부 「가능」의 측면에서는 재현이라고 말하기 어려울 것 같다.

숙달된 운전자라면, 조수석 탑승자가 차선 변경을 깨닫지 못하게 운전할 수도 있다. 그것이 인간의 능력이며, 동시에 운전 의식 하나로 향상도가 달라진다는 증거이기도 하다.

자율운전과 조향감의 관계는
어디까지 발전해 나갈까

스즈카 서킷을 15분에 걸쳐 달릴 것 같은 속도로, 상/하, 좌/우, 전/후 가속도가 강력한 운전이라면 자동조향도 가능하다…
이것은 어느 조향장치 기술자의 생생한 견해로서, 아주 흥미로운 발언이다.
반대로 말하면, 인간의 운전은 정말로 대단하다고 할만한 것이다.
그러나 자율운전 연구는 이제 막 시작된 단계라서, 현 시점에서 「어렵다」고는 말할 수 없다.
자율운전에 대한 연구는 인간의 능력을 재발견하는 계기인 동시에 자동차를 다시 바라보는 기회이기도 하다고 생각하고 싶다.

본문 : 마키노 시게오   그림 : 다임러 / 구마가이 시가지나오

인간은 항상 상당한 양의 데이터를 처리하고 있다. 자율운전이나 운전지원 시스템에 관계하고 있는 연구자 및 기술자들에게 질문해도 「현시점에서는 인간 동작에 비슷하게 하는 것조차 힘들다」고 한다.

「차선유지자동에서 조향도 자동이라는 말은, 대개 1000R(반경 1000m의 원둘레의 일부분이 도로라는 의미)이 기준이다. 고속도로 기준설계에서는 시속 80km인 노선에서 최소R이 460R이기 때문에, 이것보다 작은 R에는 원칙적으로 대응하지 않는다」고 어느 기술자는 말한다. 그러면 460R 이상이라면 대응할 수 있는 것이냐 하면, 제한속내 이내라면 거의 대응할 수 있을 것이라는 대답이었다.

가장 근본적인 문제를 지적해 준 기술자도 있었다.

「조향을 조향각으로 제어할 것인지, 토크로 제어할 것인지에 대한 문제가 있다. 자동조향의 경우는 조향각으로 제어하고, 노면상황에 따라 실제 조향각과 목표조향각과의 사이에 편차가 있을 때 피드백 제어를 걸게 될 것이다. 그것이 가장 합리적이다. 계산한대로 움직였는지 아닌지를 환경인식 센서 쪽 데이터와 조회해 편차를 봐가면서 수정한다. 극히 짧은 시간에 이것을 한다. 인간은 경험치를 근거로 토크를 제어하기 때문에, 정말로 노련한 운전자의 조향 조작을 보면 매우 멋지다」

자동조향에 필요한 과정을 조향장치 기술자들에게 물으면, 먼저 조향목표와 궤적을 정한다. 그러기 위해서는 자차위치를 정확하게 파악해 둘 필요가 있다. 그 궤적을 그리기 위해서는 어떤 조향이 정확한지를 정한다. 그때 타이어의 회전각이나 속도 등과 같이 차량운동에 관한 부분을 어떻게 제어할지를 결정한다. 그리고 그것을 실행했을 때, 가려고 했던 이상적인 차선에 대해 현재의 자차위치는 어떤지를 매 순간마다 계산한다. 이것도 자차위치 인식의 연장이다. 그리고 이상적인 차선과 자차위치와 차이가 있을 때는 수정 프로그램을 돌려 실행하면서 피드백을 걸고 하는 식이다. 필자의 이해도가 부족한지도 모르겠지만, 대개는 이와 같은 방식이라고 이해하면 될 것이다.

이런 견해도 있다. 「수준이 높은 운전을 하는 것은 무리」라고 단언하는 기술자이다. 확실히 구글 등과 같은 IT업계 기업의 자율운전 차량을 동영상으로 보면, 조향은 완전한 각도제어이다. 몇 번이고 움직였다 고정했다, 또 움직였다, 너무 움직였으면 몇 번이고 되돌리는 식의 조향이다. 아마도 승차하고 있지는 못할 것이다. 어느 영상을 전문 운전자에게 보여주었는데, 그 운전자는 다음과 같이 말했다.

「이 조향을 『그럭저럭』이라든가, 『생각했던 것보다 부드럽다』고 말하는 사람이 있다면, 그 사람은 운전이 꽤나 서툰 사람일 것이다」

자율운전으로부터 어떤 조향감각을 느낄지에 대해서는 개인마다 차이가 클 것이다. 자동차 바닥에 물을 담은 컵을 놓은 다음, 컵이 안 쓰러지게 굽은 도로를 날듯이 달리는 운전자의 모든 운전 기술을 카 모델 내에 기록하거나, 노면의 μ에 대한 보정치나 타이어 마모나 상품 차이까지 보정치로 넣어주면 상당한 조향감을 줄까.

「글쎄요, 그렇게 되면 동작의 정확도가 의문시 된다」는 다른 기술자의 의견이다.

「보디 동강성(動剛性)이 매우 뛰어나고, 댐퍼나 부시도 깔끔하게 움직이고, 현가 링크도 설계대로 움직이고, 구동력 제어도 멋지게 잘 세팅된 자동차에 오차 없는 스티어링 랙을 연결해 모든 부품의 공작정밀도를 높임으로서, 여하튼 조향을 정확하게 할 수 있는 하드웨어를 결합하는 수밖에 없다」

그런 자동차라면 오히려 타고 싶을 것 같다.

「상위제어의 속도도 의문시 된다. 그 때문에 정확도가 높은 자차위치 인식은 필수이다. 준천정위성과 레이저 스캐너의 정밀도도 필요할 것이다. 정확도 높은 지도도 필요하다…」

당분간 조향감을 요구하는 것은 접어두는 것이 좋을 것 같다. 그러나 연구를 계속하지 않으면 진보하지 않는다. 자율운전은 깊은 수렁일지도 모른다.

인간의 조향 조작

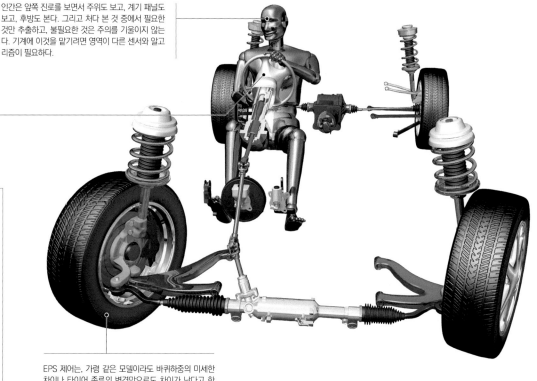

인간은 앞쪽 진로를 보면서 주위도 보고, 계기 패널도 보고, 후방도 본다. 그리고 처다 본 것 중에서 필요한 것만 추출하고, 불필요한 것은 주의를 기울이지 않는다. 기계에 이것을 맡기려면 영역이 다른 센서와 알고리즘이 필요하다.

조향 핸들을 돌릴 때, 인간은 여러 가지 것을 무의식적으로 생각하고, 아주 미묘하게 힘을 주고 빼면서 조작한다. 그런데 과연 자동으로 운전할 때 조향토크의 제어가 가능할까. 그렇지 않으면 오로지 각도 제어뿐일까?

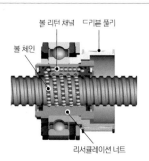

볼 리턴 채널 드리블 풀리
볼 체인
리서큘레이션 너트

볼 순환식 조향 기구에서는 자율운전이 불가능할까. EPS(전동동력조향)가 필수일까. 그 대답은 NO이다. 대형 트럭의 자율운전 실험차는 모두 다 유압식인 볼 순환방식이다.

EPS 제어는, 가령 같은 모델이라도 바퀴하중의 미세한 차이나 타이어 종류의 변경만으로도 차이가 난다고 한다. 그 정도로 민감한 제어기구를 자동으로 제어할 수 있을까. 알 수 없기 때문에 해 보는 수밖에 없다.

Automated Driving

명확한 개발 일정계획과 개발체제로 실적을 축적

자율운전 기술을 개발하는 부품회사 중에서도 콘티넨탈은 자율운전에 가장 열심인 회사이다.
콘티넨탈로부터 디트로이트 교외의 고속도로에서 시험할 기회를 얻었다. 공도에서의 자율운전. 어떤 느낌일까?

본문 : 스즈키 신이치(MFi)   사진 : MFi/콘티넨탈

Specifications

제작년도 : 2011년 / 기본 차량 : VW파사트 / 센서 : 장거리 레이더(LRR)×1(앞), 단거리 레이더× 4(SRR)(앞2 뒤2), 초음파 센서, 스테레오 카메라×1(앞), GPS
/ 도로 : 고속도로 / 협력 : IBM, 시스코 시스템즈

스테레오 카메라

스테레오 카메라는 양산 모델과 똑같은 것을 장착하고 있다. 물론 콘티넨탈 회사제품의 스테레오 카메라이다. 양안의 거리도 변경된 것이 없다. 속도제한 표지 인식이나 보행자 인식이 가능. 60m 정도의 영역에서 인식할 수 있다고 한다. 보행자 인식은 35m 정도.

단거리 레이더(SRR)

범퍼 4모퉁이에 장착하고 있는 것은 SRR(단거리 레이더)이다. 150도의 시야각에서 60m 정도 감지할 수 있다. 자율운전에서는 소나(초음파 센서)는 사용하지 않는다. 150도/60m로는, 교차로가 있는 시가지에서의 자율운전에는 능력이 부족하다.

장거리 레이더(LRR)

앞쪽에 1개 장착된 것은 LRR(장거리 레이더). 이 LRR도 콘티넨탈의 양산품이다. 2011년에 제작한 이 자동차의 경우는 앞쪽에만 LRR을 장착하고 있다.

우리들은 이번 취재에서 개발 중인 운전지원 시스템이나 자율운전 실험차량을 타볼 기회가 있다. 물론 테스트 코스에서이다. 그러나 진짜 느낌은 공도로 나가지 않으면 알 수 없다. 자율운전을 다양한 자동차가 달리는 공도 상에서 하면 어떻게 될까? 그런 흥미를 갖고 있었는데, 콘티넨탈로부터 「디트로이트의 공도에서 자율운전 시승을 할 수 있다」는 소식이 들려왔다.

먼저 콘티넨탈 연구소에서 자율운전 개발자로부터 브리핑을 받았다.

「도로에서의 사고원인 가운데 95%는 인간」「그 가운데 76%는 인간에게만 귀책사유가 있었다」「승용차의 39%가 충돌 전에 브레이크를 밟지 않았다」「미국의 운전자는 연간 38시간을 정체로 소비한다」「운전 스타일에 따라 연비를 20% 개선할 수 있다」 등등. 이런 사실들은 콘티넨탈이 자율운전을 개발하는 동기이다. 미국에서는 연간 3만 명 이상이 교통사고로 목숨을 잃고 있다. 사고를 줄여야 하는 것이다. 이것도 자율운전기술 개발의 동기이다.

미국에서 실제로 운전을 해보면 자율운전기술을 갖고 싶어 하는 기분도 이해할 수 있다. 여하튼 나라가 크다. 더구나 이동은 거의 자동차로 한다.

한편, 이번에 시승(이라기보다 조수석 탑승)한 차량은 콘티넨탈이 2011년부터 개발하고 있는 VW 파사트를 기반으로 한 자율운전 실험차량이다. 양산되는 센서만 사용하고 있으며, 고속도로에서의 자율운전을 목적으로 하고 있다. 특별한 센서는 없다. 레이저 스캐너도 없다. 장착한 것은 전방의 장거리 레이더와 네 모서리 쪽의 단거리 레이더 그리고 스테레오 카메라뿐이다. 이것으로 고속도로 상의 자율운전을 실현하고 있는 것이다(개발자에 따르면 향후 레이저 스캐너 가격이 하락해도 필요 없다고 한다).

먼저 개발자에게 질문했다. 「Automated라고 하는 사회와 Autonomous라고 하는 사회가 있다. 콘티넨탈은 양쪽을 어떻게 구분하고 있는가?」라는 질문에, 「Autonomous는 Fully Automated보다 앞서는 것. 완전한 Self-Driving을 실현했을 때 Autonomous Drive라는 것이 된다」는 대답이었다.

콘티넨탈은 자동차로만 하는 자율자율운전이 아니라 외부에서 정보를 얻어 자율운전을 하는 일에서 큰 가치를 두고 있다. 그렇기 때문에 IBM 및 시스코와 제휴했던 것이다. 제휴의 핵심은 클라우드 컴퓨팅과 막대한 데이터의 보안기술이다.

운전석 모습은 기본 차량과 크게 다르지 않다. 센터 콘솔이 다른 정도이다. 컨트롤 유닛이나 측정기기는 트렁크 룸에 가득 탑재되어 있었다. 덧붙이자면, 그곳은 「촬영불가」였다.

24개의 스위치가 쭉 배열되어 있는 센터 콘솔 내부 모습. 여기서 자율운전 모드 세팅을 세세하게 변경할 수 있다고 한다. 물론 모니터에 비춰지는 영상도 다양한 모드가 있었다.

자율운전을 오프시키는 스위치. 긴급한 경우에 이 스위치를 누르면 된다. 조향에는 「데모 모드」와 「퍼블릭 로드 모드」가 준비되어 있다. 지금까지 27000km 정도를 자율운전으로 달렸다고 한다.

한 바탕 설명을 들은 후에 자동차에 올랐다. 개발자가 운전석에 앉아 아주 평범하게 엔진시동을 건 다음, 주행을 시작한다. 이 자동차는, 시가지에서는 자율운전을 할 수 없다. 센서의 능력(장착하고 있는 센서의 종류와 갯수)이 더 복잡한 시가지의 교통을 다 감시하지 못하기 때문이다.

디트로이트 교외의 고속도로에 오른다. 여기서 스티어링 칼럼 왼쪽의 ACC 레버를 들어올리더니 조향 핸들에서는 손을, 가속페달에서는 발을 떼었다. 자율운전이다. 아무 일도 일어나지 않는다. 보통으로 달리는 기분이다. 당연하다. 이미 2년 동안 자율운전 공도주행을 반복하고 있기 때문이다. 네바다 주에서 디트로이트까지 3200km도, 그 가운데 80%는 자율운전 모드로 달려왔다고 한다. 평균시속 100km/h로 32시간을 달려야 도착할 수 있는 거리이다. 네바다 주에서 부품업체로서 자율운전 등록 번호판을 처음으로 취득한 콘티넨탈. 조건은, 「운전석에 혼자 앉고, 조수석에 앉은 사람이 계기를 감시하는」즉, 최저 2명은 승차해야 하는 것이었다. 그럼 디트로이트가 있는 미시건 주는 개발자의 말로는 「미시건 주는 자동차 산업이 몰려 있는 주이기 때문에 『생산자 번호판』이 있으면 프로토 타입 자동차라도 달릴 수 있다」고 한다. 이렇게 미국에서는 착착 자율운전의 공도주행 실험을 반복하면서 데이터를 수집해 나가고 있다.

자율운전 중인 파사트. 운전자가 추월하기 위해 조향 핸들을 틀고 가속페달을 밟는다. 추월에 나선다(이 차는 수동변속기). 원래 차선으로 들어간다. 그리고 다시 손발을 뗀다. 이로서 다시 자율운전 모드로 돌아왔다. 핸들을 잡으면 운전은 순식간에 인간에서 인계된다. 이번에는 자율운전 중에 브레이크 페달을 밟는다. 그러자 자율운전 모드는 여기서 끊어지고, 브레이크 페달에서 발을 뗄 때도 자율운전 모드로는 복귀하지 않았다.

수동으로의 자동 전환에 있어서는, 어떻게 해 나갈 것인가. 어떻게 자연스럽게 전환해 나갈 것인가. 자율운전은 모드와 조작법 모두 이제부터 결정해 나갈 것이 많이 있다. 그렇기 때문에 콘티넨탈처럼 공도에서 테스트를 반복하는 것이 매우 중요하다는 점은, 조수석에서 바라보고 있는 것만으로도 충분히 이해할 수 있었다.

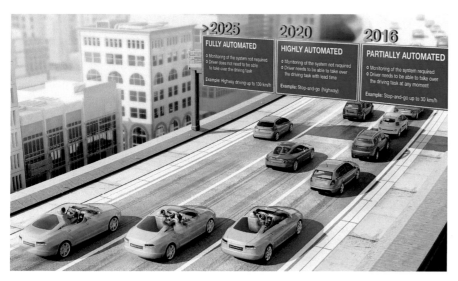

콘티넨탈이 그리는 일정계획

콘티넨탈은 2016년에 부분적 자율운전, 2020년에 고도의 자율운전, 2025년에 완전자율운전을 실현시키는 자율운전 일정계획을 그리고 있다. 완전자동까지 되면 운전자는 시스템 감시조차 하지 않아도 된다.

부품회사 최초의 등록 번호판

네바다 주의 등록 번호판. ∞ 마크가 자율운전 자동차를 나타내고 있다. 001~005를 구글이, 006과 007을 아우디가 취득했다. 콘티넨탈의 008은 부품회사로서는 최초이다.

운전자는 차내에서 무엇을 할까

콘티넨탈이 그리는 자율운전 모습. 운전자는 TV화면을 보고 있으면서 운전에 관한 동작·감시는 하지 않는다. 고속도로에서의 자율운전부터 실현해 나가는 것이 콘티넨탈의 전략일 것이다.

인터넷은 자율운전에서 상당히 중요

인터넷 활용은 콘티넨탈이 생각하는 자율운전에 있어서 필수적이다. 전방의 도로상황, 날씨 등과 같은 필요한 정보를 클라우드에서 다운로드한다. 물론 자차 정보도 클라우드에 올려 활용하게 된다.

다양한 상황

디트로이트 교외의 콘티넨탈 연구소를 나와 고속도로를 타고나서 자율운전 모드로 전환했다. 도쿄의 고속도로와는 비교가 안 되지만, 트럭이나 다른 차가 보통으로 달리는 교통 상황에서의 자율운전은 첫 체험이다. 그렇다고 무슨 극적인 일이 일어난 것은 아니다. 아주 자연스럽게 자동차는 주

행한다. 자율운전 모드로 들어가려면 운전석 쪽 ACC 레버를 당기기만 하면 된다. 운전자가 브레이크 페달을 밟으면 그 시점에서 자율운전 모드는 끝난다. 다시 자율운전으로 전환하려면 다시 레버를 한 번 더 당겨야 한다.

자율운전 모드에서 운전자는 조향 핸들이나 페달도 접촉하지 않는다.

모니터에 비치는 자동차 주변이 붉게 표시되어 있을 때는 비자율운전 상태이다.

독일의 테스트 코스. 공사구간도 이렇게 자율운전으로 통과할 수 있었다.

모니터에 붉게 보이는 것이 좌측 앞쪽을 달리는 자동차. 교통량이 적지 않다.

테스트 코스. 보행자가 급히 차로로 들어올 때는 자동긴급 조향기능이 작동한다.

모니터에는 이런 표시 모드도 있다. 상당한 주행 데이터를 수집했을 것이다.

Automated Driving

일반도로까지 포함한 자율운전을 2025년 이후에 실현

독일 국내에서 최초로 자율운전 차량 시험주행을 허가받은 보쉬.
각종 센서 종류를 자사제품으로 갖은 강점을 살려 세계 최첨단의 시스템 구축에 주력하고 있다.

본문 : 만자와 류타(MFi)   사진 : MFi/보쉬

Specifications

제작년도 : 2012년 / 기본 차량 : BMW 3시리즈 / 센서 : 레이저 레이더(벨로다인 회사제품), 장거리 레이더(LRR)×2(앞/뒤), 중거리 레이더×6(MRR 전후좌우), 스테레오 카메라×1(앞), 단안카메라×1, GPS
/ 도로 : 시가지~고속도로 / 협력 : 스탠포드 대학

2대의 시험차량을 준비해 독일 국내에서 공도주행 시험을 시작한 보쉬. 보쉬는 완전자율운전에 이르는 과정을, 주차 보조 / 정체에 있어서의 stop & go 지원 / 하이웨이 파일럿 3단계로 생각하고 있다.

왼쪽 사진 2장은 시험차량의 지붕에 장착된, 자율운전 차량에서는 매우 익숙한 벨로다인 회사의 레이저 스캐너(좌)와 노바텔 회사의 GPS 안테나(우). 이 밖에는 모두 자사제품으로서, 룸 미러 주변에 스테레오 비디오카메라를 포함한 2종의 카메라, 차량 전단/후단에 각각 장거리 레이더 센서, 앞/뒤 펜더를 포함한 차량 둘레에 6개의 중거리 레이더 센서를 장착한다. 시험차량은 2대로서, 차량 색 이외는 동일 사양이다.

디어크 호하이젤 (Dr.Dirk Hoheisel)

보쉬/개발담당 부사장. 카 멀티미디어 사업부

「내 세대가 아니라 자식 세대의 탈 것이 될 것이다」라고 말하는 개발담당 중역은,
단계적으로 차근차근으로 개발해 나갈 것을 강조한다.

본문 : 세라 고타   사진 : MFi

「보쉬는 자율운전을 완성시킬 수 있다고 생각하고 있습니다. 완전한 자율운전을 실현하려면 모든 교통상황에 대응할 필요가 있습니다. 법 규제에 대한 대응도 필요하고, 신뢰성 과제를 극복할 필요도 있습니다. 그 때문에 2010년대에 실용화되지는 않을 것이라는게 우리들 생각입니다. 다

만, 운전자를 지원하는 기능은 진화시켜 나가는 중입니다. 보쉬는 단계적으로 진화시키는 접근방식을 취하고 있습니다. 능동 정속주행이나 차선유지 지원을 보급시켜 왔듯이 말입니다. 다음 단계는 자동화 기능의 진화입니다. 자동 주차 시스템이 좋은 예로서, 가장 빨리 양산화될 기술입니

다. 이런 자동화 기술을 단계적으로 도입해 나갈 계획입니다. 자동차는 인프라 차원의 지원 없이, 자율적으로 자율운전하는 것이 가능해야 한다고 우리들은 생각합니다. 다만, 정확한 정보와 정확도 높은 정보를 얻기 위해 클라우드 기술을 활용하는 것은 중요하다고 인식하고 있습니다」

Bosch surround sensors

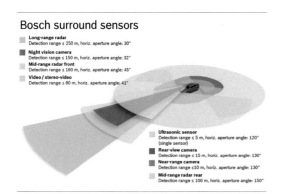

보쉬의 각종 서라운드 센서를 이용한 예. 시야각은 좁지만 감지기능 거리가 긴 장거리 형식과, 넓고 먼 중거리 형식 2종의 레이더를 조합해 주위를 감지한다. 사용 수파수내는 //GHz. 이와 더불어 보행자나 자전거를 감지하기 위한 스테레오 카메라가 지원 기능을 보완한다.

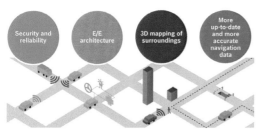

보쉬는 자율운전을 실현하기 위해 4개의 혁신을 필요로 했다. 자율운전 차량에는 「눈」이 필요하고, 각종 센서들로 몸을 커버하는 한편, 자차가 지금 어떤 상황에 있는지 상대적인 파악을 위해 맵핑/내비게이션 데이터를 필요로 한다.

앞 범퍼 아래에 장착된 중거리 레이더 센서. 시야각 45도/감지가능거리는 최대 160m로, 양산을 계획 중이다. 150km/h까지의 ACC를 탑재할 수 있는 성능으로, 전 세계 시장에 대응이 가능하다.

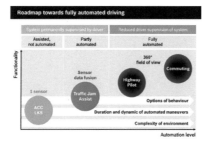

운전자에 대한 감시가 필요한지 아닌지 2단계로 일정을 나타냄으로서, 360도 전방위 감시를 이용한 완전 자동화에 따른 변환이 최종목표.

「정말로 필요할까」라는 느낌이, 자율운전이라는 시스템을 처음으로 들었을 때의 솔직한 심정이었다. 원활한 교통이란 운전자, 승차자, 보행자, 노상에 있는 모든 사람이 서로 의사소통하면서 이해해야만 가능하다 생각하기 때문이다. 그렇기 때문에 갑자기 새치기하거나 뛰어 들어오는 등, 기본적인 동의가 없는 상황에서는 욱~하는 느낌을 갖지 않을 수 없다. 감정 조절을 포함한 동작을 과연 기계가 할 수 있을까 하고 생각했던 것이다.

한편으로, 유럽이나 미국에서는 엄청난 거리를 한번에 주파하려는 운전이 많다. 그런 태반은 고속도로 주행으로, 적어도 앞서 어급한 예 가운데 보행자와의 접촉이나 자전거가 뛰어 들어오는 등은 제외할 수 있다. 운전자도 오랫동안은 긴장할 수 없다. 운전조작 변화를 크게 필요로 하지 않을 경우에는 자율운전에 대한 의의가 매우 높다.

알려진 바와 같이 보쉬는 많은 분야를 담당하는 초대형 부품회사로서, 주행과 선회, 정지하는데 필요한 모든 부품을 그룹에서 공급할 수 있다. 이미 긴급 브레이크/ACC로 확실하게 「정지」를 실현하고 있는 만큼, 자율운전이라는 다음 단계를 선택하는 것은 자연스러운 행보이다. 「우리들도 차로 전자우편을 보내고 싶다」는 기술자의 말이, 자율운전에 대한 일면을 여실히 보여주고 있다.

대학의 관점 : **가나자와대학**

[**Autonomous** Vehicle]

자율운전을 생각할 때, 지금까지의 자동차산업에 없는 기술이 있다는 것은,
달리 말하면 새로운 부품회사가 태어난다는 말이기도 하다.
여기서는 2000년부터 Autonomous Vehicle 연구를 계속해 온 가나자와대학의 스가누마 나오키선생과,
2001년에 로봇을 만드는 회사로 창업해 현재는 자율운전 개발에 주력하고 있는 ZMP대표이사 다니구치
와타루씨에게 자율운전에 대해 물어보았다.

본문 : 마키노 시게오   그림 : 다임러 / 구마가이 시가지나오

1. JTS 세계대회에서 데모 주행을 시연한 가나자와
   대학의 자율주행 실험차량.
2. 차량 지붕 위에 있는 것은 중근거리용 레이저 레
   인지 파인더.
3. 차량 측면으로 설치된 것은 백색 차선 인식용 레
   이저 레인지 파인더.
4. 앞쪽에는 레이저 레인지 파인더와 밀리파 레이더
   가 장착되어 있다.
5. 이 센서들을 통해 얻은 정보를 알고리즘에 걸어
   주변상황을 실시간으로 맵핑한다.

「카메라로 신호와 사람을, 옆 레이더 레인지 파인
더로 백색 선을, 레이더로 먼 곳을 감지하고 2개의
GPS 안테나로 자차 위치와 자세를 확인합니다. 센
서 정보를 통해 주위환경과 자차위치를 예측해 움직
이는 것들의 이동상황을 예상함으로서, 어디를 달리
면 부딪치지 않고 승차감이 좋은지를 판단합니다.
자율주행을 하는데 있어서 중요한 센서는 레이저 레
인지 파인더로서, 반사율과 거리를 통해 3차원으로
자차의 주위를 인식합니다. 기본적으로는 차속 센
서나 자이로 센서로 자율주행을 하고, GPS로 보정
을 합니다. 백색 선을 감지해 GPS의 오차를 보정합
니다. 한편으로, 백색 선이 없을 때는 GPS와 레이저
레인지 파인더를 같이 사용해 자동차가 지나갈 수 있
는 공간을 찾아서 달립니다.」(스가누마 나오키 선생)

Intervew

『자율운전은 비즈니스 혹은 서비스라는 관점에서 보지 않으면 성공할 수 없다고 생각합니다』

벤처의 관점 : ZMP 다니구치 와타루

한 번 쯤 들어 보았을 로봇 메이커 「ZMP」이지만, 근 몇 년 동안은 자율운전 차량 개발에 관련된 "로보카" 회사로 거론되고 있다. 대표이사인 다니구치 와타루씨는 자율운전의 미래를 어떻게 보고 있을까.

「자율운전으로 사고를 일으키면 안 된다는 의식이 강하지만, 자동차의 동력성능이나 제동거리가 바뀌지 않는 이상, 인간이 사고를 일으키는 상황에서는 자율운전이라도 사고를 일으킵니다. 다만, 감지(Sensing)능력이 높기 때문에 곁눈질 등의 주의 부족이나 잘못된 판단, 조작 등, 인간의 실수는 방지할 수 있습니다」

하지만 다니구치씨는 그런 안전운운하는 것보다 중요한 것이 논의되지 않았다고 한다.

「중요한 것은 사용자의 존재입니다. 예를 들면, 일본에서는 고령자의 면허반납을 환영하는 분위기 이지만, 나이 드신 분들이 자동차 운전을 그만두면 방에만 틀어박혀서 잠만 잘지도 모릅니다. 그런 식으로 수요가 있는 부분에서부터 시작해야 합니다. 자율운전에 관한 정의 조차 없는 단계이기 때문에 일본이 기선을 잡아야 한다는 것이죠. 자율운전에 부수적으로 운행 서비스나 고장 시 대응 등, 새로운 서비스도 생겨나리라 생각합니다」

ZMP에서는 자율운전을 어떻게 사업화해 나가려고 할까.

「구글은 자율운전 시뮬레이터를 몇 십억에 제공하고 있지만, 당사의 로보카는 같은 것을 실제차량에 장착하고서도 1억 3천만 원이다. 센서나 CCD 등은 구입하지만, 회로설계나 하드웨어 설계, 알고리즘까지 자체적으로 제작함으로서 기판이 들어간 작은 상자를 자동차에 탑재할 수 있는 하드웨어로 만들었습니다」

또한 다니구치씨는 자율운전이 보급된 이후도 바라보고 있다.

「메이커가 만드는 자율운전차량은 자율운전에 초점을 맞추다보니 센서가 많지만, 결론적으로 인간과 비슷한 센서만 있으면 충분합니다. 인터넷에 연결하면 센서는 더 불필요하게 되죠. 인터넷에 연결해 자동차 내의 정보를 "가시화"한 당사의 로보카는, 자율운전을 비롯한 차세대 자동차를 개발하기 위한 플랫폼으로 호평을 받고 있습니다. 전 세계 대학이나 연구기관에서 자율운전을 위한 소프트웨어 개발이 진행 중인데, 그것을 탑재할 수 있는 오픈 플랫폼은 적기 때문입니다. 자동차 분야에서 API(Application Programming Interface)를 공개해 서버를 구축하는 일은 구글에서도 하지 않고 않습니다」

다니구치씨는 이미 자율운전이 실현된 다음의 서비스 구축이나 인터넷과의 접속을 생각하고 있는 것 같다.

1964년생. 군마대학 공학부를 졸업한 후, 제어기기 메이커에서 상업차량의 브레이크 시스템을 개발했다. 2001년에 과학기술진흥기구 벤처로서 ZMP를 창업. ZMP의 대표이사 사장.

자율운전의 핵심 테크놀로지

SLAM 기술

Simultaneous Localization and Mapping

지도를 만들면서 달리다 – 자율운전을 실현하는데는 필수적인 기술

앞으로의 자율운전에 빼놓을 수 없는 기술이 SLAM이다.
Simultaneous Localization and Mapping의 머릿글자를 딴 SLAM은
표지나 GPS 정보에 의존하지 않고, 환경 지도작성과 위치측정을 동시에 실행하는 기술이다.

본문 : 가와바타 유미   그림 : 후루가와 시리나리
사진 : 이쿠라 미치오/마키노 시게오

3차원 SLAM 도로균열

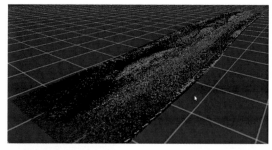

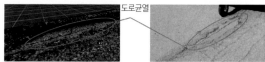

3차원 SLAM을 사용하면 지면의 요철 등도 계측이 가능하다.

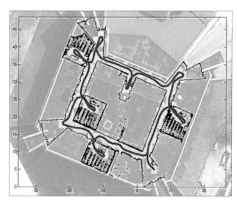
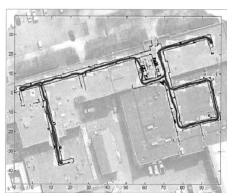
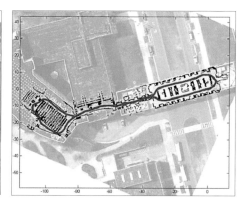

후루가와교수 팀이 개발한 새로운 SLAM기술인, Grid-to-Map Matching SLAM은, 계산량을 줄이기 위해 계산을 그리드 맵 상에서 실행함으로서 정확도를 떨어뜨리지 않고 고속으로 맵핑과 위치추정을 할 수 있다.
그리드 계산을 병렬화함으로서 더 고속화할 수 있기 때문에 자율운전에 대한 응용이 기대되고 있다.

기존의 SLAM 방법

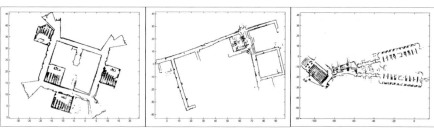

Grid-based Scan-to-Map Matching SLAM

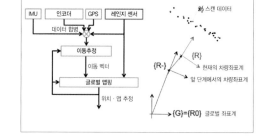

SLAM에는 지도에 점으로 표시되는 랜드 마크를 사용하는 것과, 지도를 격자모양으로 표현하는 것이 있다. 후루가와교수가 제안하는 SLAM은 후자에 속하는데, 계산량을 줄여 고속으로 처리할 수 있다. 글로벌 좌표와 이전 단계에서의 차량좌표계로부터 현재의 차량좌표계를 추측한다.

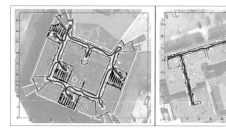

알고리즘이 잘 설계되어 있지 않으면 지도가 닫히지 않거나 정확한 지도를 그리지 못하는 등의 문제가 발생한다. SLAM의 과제 가운데 하나는, 주의 환경이 움직이지 않으면 인식해서 처리를 하기 때문에 알고리즘에 오류가 발생한다는 것이다. 특히 주의에 많은 물체가 있거나, 움직이는 것이 존재하는 환경에서는 인간 같은 동적인 것을 랜드 마크로 보고 인식해 버리기 때문에 지도작성과 위치추정에 오류가 발생한다.

9페이지 인터뷰에도 등장했던, 버지니아공과대학 공학부 기계공학과 후루가와교수의 전문분야는 표지나 GPS의 정보에 의존하지 않고 환경 맵핑과 위치추정을 동시에 실행하는 SLAM(Simultaneous Localization and Mapping).

자율운전을 둘러싼 기술 중, 기존의 자동차 기술에 없던 것이 몇 가지 있다. 그 중 하나가 로봇 공학의 세계에서 탄생한 「SLAM=Simultaneous Localization And Mapping」이다. 제안자는 현재 시드니 공과대학 기계 메카트로닉스 공학의 제미니 디사나야카(Gamini Dissanayake)교수이다.

보통 자차의 위치를 파악하려면 GPS를 이용하는 것이 일반적이지만, 카 내비게이션이나 스마트폰을 사용하는 사람이라면 알고 있듯이, 건물이나 터널 안에서는 GPS신호를 잡지 못한다. 또한 시가지의 빌딩 숲을 달리다보면 GPS로는 정확한 측정이 어려워진다. 그래서 등장한 것이 SLAM이다. 원래 실내에서 움직이는 로봇을 위해 개발된 기술로서, GPS를 사용할 수 없는 환경에서 주위의 환경을 감지해 자신의 위치를 파악한다. 여기서 다시, 후루가와교수에게 물어 보자. 「구체적으로는, 로봇이 모르는 공간에 놓여 졌을 때, 자신 주변을 레이저 레인지 파인더(별칭 : 레이저 스캐너)로 주위를 측정한 다음, 거기에 있는 것을 랜드 마크로 인식합니다. 여러 장소의 측정을 통해 그 랜드 마크의 지도를 만든 다음, 이번에는 그 위치에서 로봇이 자신의 위치를 측정하는 것입니다. 이때 필요한 계산이 알고리즘입니다. 원래 SLAM은 실내에서 움직이는 로봇을 위해 고안된 기술이기 때문에 저속을 전제로 했습니다. 그러나 이 알고리즘의 여부에 따라 고속에도 대응할 수 있습니다」

일반적으로 SLAM은 계산시간을 필요로 하기 때문에, 고속주행에 대한 적응이 어렵다고 여겨 왔다. 더불어 주위환경을 감지하기 위해 3차원 레이저를 사용하기 때문에 시스템이 비싼 것도 과제였다. 한편, 후루가와교수 팀이 연구하는 "Grid-based Scan-Map Matching SLAM"은, 계산량을 줄이면서도 정확도를 떨어뜨리지 않고, 지도작성과 위치측정을 할 수 있다. 「일반적인 SLAM이 1~5Hz에서 지도를 갱신하는데 반해, 우리들이 연구하는 방법에서는 50Hz에서 갱신할 수 있습니다. 거리로 따지면 80m까지 레이저로 감지할 수 있다는 계산입니다. 원래 20km/h 이상의 고속으로 달리는 로봇용으로 개발된 방식이지만, 현 단계에서는 40km/h는 가능하고, 100km/h 정도까지 속도를 올릴 수 있냐는 주성이 나옵니다」

원래는 로봇을 위해 개발된 기술이지만, 향후 자동차가 자율주행을 지향하는데 있어서 고속에 대응하는 SLAM 기술은 빼놓을 수 없을 것이다. "draw a map"와 "I'm here"의 반복, 단지 그것뿐이지만, 그 이상의 중요성이 있다.

DARPA 어번 챌린지(2007)

버지니아 공과대 팀의 머신은 포드 이스케이프 하이브리드였다.

이 차량은 2위를 차지한 스탠포드 대학 팀. 완주한 6개 대학은 현재도 자율운전 분야에서 최고의 실적을 자랑하고 있다.

순 위	대 학	소요시간	평균시속
1	카네기멜론대학	4시간 10분 20초	22.53km/h
2	스탠포드대학	4시간 29분 28초	22.05km/h
3	버지니아공과대학	4시간 36분 38초	20.92km/h
4	매사추세츠공과대학	약 6시간	
5	펜실바이나대학	완주	
6	코넬대학	완주	

DARPA 어번 챌린지(2007)

DARPA 그랜드 챌린지는 미국 국방총성의 연구기관인 국방고등연구 계획국(DARPA)이 주최한 로봇 카 레이스이다. 이것이 현재의 자율운전기술 경쟁의 시작이라고도 할 수 있다. 2003년부터 2007년까지 3회가 열렸는데, 2007년에 열린 제3회 대회 때는, 폐쇄된 공군기지에 시가지를 상정해 총연장 약 96km 코스로 설정. 이곳을 6시간 이내로 완주하는 레이스였다. 제3회 대회를 DARPA 어번 챌린지라고 한다. 완주한 차량은 불과 6대. 버지니아 공과대 팀은 카네기멜론대, 스탠포드대에 이어 3위를 차지했다.

레이저 스캐너 데이터와 카메라 데이터를 결합해 만든 이미지 화상.

스캐너는 먼 곳에 있는 고가다리나 수목도 포착한다. 유효계측범위 80m로서, 가까운 곳에 있는 것은 상당히 선명하게 보인다. 가격은 약 4천만 원이지만, 일본에서 양산하면 반드시 10분의 1로 떨어질 것이다.

스캐너는 주차 중인 자동차를 포착하고 있지만, 그림자에 들어간 부분은 전혀 잡지를 못한다. 가능하면 지상고를 높여서 장착하는 의미도 여기에 있다. 동심원은 멀리 갈수록 흐릿해 진다.

이것이 실험차량인 프리우스. 자차에도 레이더 빛이 닿을 뿐만 아니라, 실험 구역도 하얀 막으로 덮여 있기 때문인지, 자동차 형상도 정확하게 비친다. 그 앞쪽의 틀 밖에 서 있는 것이 우리들이다.

레이저 스캐너로 무엇이 보일까

아래 2장의 화상을 비교하면 흥미로운 점이 있다. 실험 구역 중앙에 놓인 자동차 주변을 프리우스가 달리고, 때때로 사람이 나타나 프리우스가 멈추는 모습을 볼 수 있다. 그러면 자차 보디의 그림자가 되는 부분은, 당연한 말이지만 비치지 않는다. 이런 근거리는 카메라 등의 도움을 받을 필요가 있다. 이 자동차를 일반도로에서 운전할 수 있다면, 상당히 흥미로운 데이터를 수집할 수 있을 것이다. 「노상에 나가고 안 나가고는 수집하는 데이터에 엄청난 차이가 있다」고 유럽과 미국의 연구자들은 말하고 있다.

실험 구역의 경계는 이렇게 하얀 천막으로 구분되어 있어서 레이저 빛을 반사한다. 경계선 옆에 서 있는 사람이 자동차가 진행하는 방향으로 걸어가기 시작하면 프리우스는 자동으로 정지한다. 물론 운전석에 앉아 있는 사람은 아무런 운전조작도 하지 않고 있다.

Illustration Feature : Autonomous Driving **COLUMN 4**

정부의 동향과 산업기술종합 연구소의 활동
「데이터 수집만이라도 시작해야 하지 않을까?」

자율운전기술에 대한 대처에 있어서 일본은 유럽과 미국에 완전히 뒤처져 있다.
「자동차의 즐거움」이나 「법규」 등등은 차치하고라도, 뭐는 되고 뭐는 안 되는지에 대한 고찰은 현 단계에서도 절대로 필요하다.
동시에 지금까지 수집할 수 없었던, 수집해 오지 못했던 데이터를, 이 기회에 수집해 놓는 것도 나쁘지 않을 것이다.

본문&사진 : 마키노 시게오

고속도로 회사에서의 데이터 수집

동일본 고속도로회사는 사고나 재해가 발생했을 때, 피해개략도를 작성하기 위해 헬기를 띄운다. 그때 사용하는 촬영 시스템이 사진 속 물건이다. 니콘의 디지털 단안 리플렉스 카메라와 위치계 측장치, 제어 컴퓨터가 세트를 이루고 있다. 상당한 도움을 받는다고 한다.

카메라를 장착한 4로터 형식의 소형 라디오 컨트롤 헬리콥터도 동일본 고속도로회사가 실제로 사용하고 있다. 사람이 근접하기 위험한 장소를 저고도로 촬영할 수 있다. 실제로 촬영된 영상은 상당히 생생한 편으로, 말하자면 로봇카메라이다.

산업기술종합 연구소 프리우스의 지붕에 장착되어 있는 레이저 스캐너. 고속으로 회전하면서 32개의 레이저 빔을 360도로 쏜 다음, 반사파를 잡아 점(Dot) 화상으로 표현한다. 대형 롱 렌즈 형식은 가격이 약 2배나 된다.

경제산업성이 관할하는 산업기술종합 연구소에서는 자율운전을 위한 연구를 하고 있다. 담당하고 있는 곳은 디지털 휴먼 공학연구 센터이다. 얼마 전에 개최된 ITS 국제회의에 맞춰 흥미로운 시범 주행을 실시했다. 자동차는 2세대 프리우스로서, 독자적인 소프트웨어를 사용하고 있다. 나가사키대학과 나고야대학이 협력했다.

가림막이 둘러쳐진 장소를 프리우스가 천천히 돌고 있다. 운전자는 타고 있지만, 양손은 조향 핸들을 잡고 있지 않다. 자율운전이다. 들어보니 「사람이 한 번 달린 코스를 자동차가 기억했다가, 완전히 똑같은 주행을 재현하도록 되어 있다」는 것이다. 지붕 위 높은 위치에 설치된 회전식 센서는, 한눈에 벨로다인의 레이저 스캐너임을 알 수 있는데, 많은 자동차 메이커가 사용하고 있는 것과 비교하면 작고 저렴한 형식이다. 그래도 상당히 멀리까지 보인다.

이 스캐너로만 자차의 주위를 감시하면서 산업기술종합 연구소의 프리우스는 자율주행을 한다. 실험 구역 내에는 별도의 자동차가 있기도 하고, 사람도 걸어다닌다. 프리우스 앞을 사람이 지나가려 하거나, 진로 앞에 서 있거나 하면, 프리우스는 자동적으로 멈춘다. 기억하고 있는 진로 안으로 들어오지 않아도, 「들어올 것 같다」고 판단하면 자동으로 정지한다. 그리고 사람이 멀어지면 다시 움직인다. 시속 5km 정도의 시범주행이긴 하지만 엄연한 자율운전이다. 코스는 공간좌표로 기억하고 있다. 코스를 기억시킬 때는 천천히 달리더라도, 재현운전에서는 그 이상의 속도로 달릴 수 있다고 한다.

가가미 부소장에게 이 시범주행의 의도를 물었더니, 이외의 대답이 돌아왔다.

「제안하고 싶은 것은 교통실태를 조사하자는 것이다. 이 레이저 스캐너를 장착한 자동차가 일반도로를 달리게 되면 자동차의 교통실태를 상당히 알 수 있지 않겠냐는 것이다. 도로교통법이라는 전국교통의 법률은 있지만, 예를 들어 도쿄, 나고야, 오사카를 비교해도 『우리들은 이렇게 하고 있다』는 식의 규칙이 있다. 좌회전, 우회전, 차선변경 등은 각각에 상호작용(interaction) 모델이 있다. 그것이 공통적으로 되면 「저 사람은 이렇게 할 것이다」라는 예측이 가능하다. 자율운전이나 안전주행 지원장치를 개발한다 하더라도 일반 운전자가 일상적으로 어떤 운전을 하는지에 관한 데이터를 수집해 놓으면 반드시 도움이 되리라고 생각한다. 또 하나는, 일본 내에 자율운전 실증실험특구를 만들기 위한 준비이다. 운전자가 운전석에 앉아 있다면 자율운전으로 달리는 것을 허가해 달라는 요구이다. 지방자치체나 경찰까지 연대해 특구를 만들고 싶다」

운전자에 대한 빅 데이터는 없다. 그러나 레이저 스캐너 등을 사용해 도로를 달리면 「다양한 것을 알 수 있다」고, 이 방면의 연구자들은 반드시 말한다. 센서를 장착해 달리는 것만으로 지도도 만들 수 있고, 운전자의 행동도 알 수 있다. 아마도 구글은 일본에서도 이미 하고 있을 것이다. 가가미 부소장은 「자동차의 안전장치가 어때야 하는지를 검증하거나, 운전자의 실력도 측정할 수도 있다. 스캐너가 장착된 자동차를 운전시키면 개인의 실력도 채점이 가능하다. 자동

차 역사가 100년이 넘는 지금까지, 개별 자동차가 아니라 운용되고 있는 사회 자체를 모델화하려는 시도는 없었을 것이다. 보행자와 자전거, 바이크, 소형차, 대형차 같은 혼합교통의 데이터를 모두 기억할 수 있다면, 다음 단계로 연결시킬 수 있을 것이다」라고, 데이터 수집 목적을 말한다.

저속이라고는 하지만 자율운전이기 때문에 노트북 3대를 사용하고 있었다. CPU의 처리능력은 하루가 다르게 향상되고 있기 때문에, 어느 쪽이든 이 정도의 계산은 스마트폰으로도 가능할 것으로 생각된다. 「클라우드로 연결하겠다는 것이 장점이긴 하지만, 통신이 끊겼을 때는 자율적으로 주행해야 하므로, 그러기 위해서라도 자차의 주위에 있는 것을 인식해 주행할 수 있는 단계까지 끌고 가고 싶다」

그것이 당면한 목표라고 한다. 필자가 느끼기에도, 얼마 전까지만 해도 국내 분위기는 아직 뜨겁지 않았다. 해외의 자동차 메이커나 부품회사가 자율운전에 관한 기술을 발표하고, 시범주행을 하고, 그 규모가 발표되고 나서야 조금씩 분위기가 변했다. 그리고 IAA(프랑크푸르트 쇼)에서 큰 화제를 모았던 것이다. 다른 나라와 국경을 맞대고 있지 않은 나라도 드물 뿐만 아니라, 일본은 도로 인프라나 통신 인프라마저도 잘 갖춰져 있다. 자율운전의 실증실험을 전국적으로 해도 좋을 만큼 좋은 환경이다. 그런 속에서 다음 세대에 대한 준비를 하고 있는 정부기관이 있다는 것이 매우 반갑다. 위험을 두려워하지 않고 한 걸음을 내딛겠다는 자세가 지금 우리에게 요구되고 있다.

「자율운전」에 대한 장벽이 점점 낮아지고 있다.

▶ 준천정위성 시스템을 이용하면…

카 내비게이션이나 휴대전화에서 자신의 위치를 특정하려면 GPS (Global Positioning Satellite) 시스템을 사용하고 있다. 원래는 선박용 롤랑C라고 하는 측위 시스템의 대체 시스템으로, 미국이 정비를 갖추었다. 그러나 민간용 측지 시스템은 정확도가 그다지 높지 않아 자율운전처럼 자차위치 특정에 대한 정확도가 요구되는 경우에는, 다른 백업 시스템에 대한 필요성이 대두되었다. 그래서 계획된 것이 준천정위성(準天頂衛星) 시스템이다. 「천정」에 위치하기 때문에 건물 등에 반사되어 시간 차이로 도달하는 멀티 패스가 잘 안 일어나고, 전리층지연도 줄어든다.

자동주차를 차량탑재 카메라로만 하면, 카메라 정보가 한 순간이라도 끊겼을 때 노면과 차선을 인식하지 못 한다. 이에 대한 백업으로 준천정위성을 사용하는 시스템을 덴소가 제안하고 있다. 위성의 보조로도 카메라를 사용할 수 있다.

이것이 준청정위성의 모형. 본체의 크기는 대형 냉장고 정도이다. 측위에는 4기 이상의 위성이 필요한데, 위성배치나 전파반사에 따른 오차를 고려하면 8기 이상으로부터 전파를 수신할 필요가 있다고 한다. GPS의 백업도 된다.

▶ 아시아의 ITS와 기업의 시스템 제안

반도체 왕국 일본을 위협한 것은 한국과 대만이었다. ITS 분야도 예전에는 일본의 독무대였지만, 근래에는 한국이나 중국, 인도와 같은 신흥국이 신제품을 내놓고 있다. 그런 배경에는 자국에서의 ITS 관련 인프라 정비가 있다. 가장 원시적인 케이스는, 유료도로나 교량을 통행할 때 요금징수 때문에 자동차를 정지시키지 않고 동시에 하는 경우이다. 근거리통신 시스템이나 데이터 저장 시스템 분야에서 요구가 높아지고 있다. GPS와 차량 간 통신을 이용한 저비용 간이요금소는 신흥국 쪽 수요가 높다. 유럽과 미국, 일본에의 수출을 목표로 하고 있는 한국이나 중국의 기업은, 예를 들면 대량의 교통 데이터 처리, 그를 위한 애플리케이션 개발, 서버나 스토리지 같은 하드웨어의 제공, 심지어 보수·점검까지를 패키지로 제공하는 비즈니스를 계획하고 있다.

좌측은 중국 화웨이의 포터블 레이더. 전천후 형식으로, 가볍고 소비전력도 적다고 한다. ITS 분야의 장치들 중에서도 중국제품의 존재감이 점점 커져 가고 있다. 우측은 덴소 제품의 차량탑재 통행료 징수 시스템. 도로통행요금의 징수 인프라를 싸게 정비하고 싶어 하는 아시아 각국의 요구에 대응하는 제품으로, Wi-Fi 대신에 V2X를 사용한다.

도로교통관 관련된 빅 데이터의 송수신과 저장을 하는 시스템을 중국 화웨이가 제안하고 있다. 이것은 송수신 시스템 장치로서, 이것과 세트를 이루는 하드디스크 스토리지와 패키지로 판매된다. 저렴한 것이 특징이다.

운전자 지원 기술로 개발되어 시판차량에 도입된 기술을 중심으로, 그 응용·발전형으로서의 「자율운전」기술이 더 깊이,
동시에 많은 시스템과 연결되도록 폭넓게 개발되고 있다.
이런 기술들을 현시점에서 검증해도 「자율운전에 활용하지 않는 것은 손해」와 같은 상황을 만들고 있다.

본문&사진 : 마키노 시게오   그림 : 경제산업성

▶ 법규요건이 표준장비화를 촉진하다

세계 각국의 자동차 안전기준 가운데 최초로 의무화된 것은 전면충돌 시에 탑승객의 안전을 지키는 ELR 시트벨트였다. 그 후 SRS 에어백이 등장해 시트벨트는 프리텐셔너가 달리게 되었다. 그리고 전면 옵셋 충돌, 측면충돌로 기준이 강화됨에 따라 표준장비 목록은 증가해 왔다. 이런 경향은 아직도 계속되고 있다. 나아가 자동차의 안전성을 제3자 기관이 테스트하는 종합평가가 법규보다 앞서 나감으로서, 고가 전자장비의 표준장비화가 진행 중이다. 어떤 종류의 스몰 옵셋(9:1 정도의 비스듬한 충돌)도 포함된다.

유럽에서는 보행자 인지기술이 어떤 식이든 필수가 될 것이다. 왼쪽 사진은 97GHz대의 고분해능(高分解能) 레이더를 사용한 보행자 인지 시스템 모습. 여기에 카메라와 데이터 베이스를 조합하면 인간인식이 가능해진다.

법규화 및 종합평가로의 편입

	미국	EU	일본	중국
Electronic Stability Program(ESP) 옆 미끄럼 방지장치	● D	● ◎	● 13~	— ◎
Lane Departure Warning 차선이탈경보	◎ D	14~	14~	△
Rear-Ending Warning 충돌경보	◎ D	—	—	△
Collision Mitigation (Preceding Vehicle) 전방차량 충돌회피지원	△	14	14~	
Collision Mitigation (Pedestrian) 보행자접촉 회피지원	△	16~	16~	
Traffic Sign Recognition 도로표지 인식지원	◎			

●법규화／ ●평가실시 중／ ○평가실시결정완료／ △검토 중／ D: 비유무의 기재일 뿐, 평가와는 무관계

단숨에 최대의 자동차 수요국이 된 중국에서는 미국과 유럽, 중국에 이어 C-NCAP가 실시되고 있다. 향후 예정 또는 검토되고 있는 평가대상 시스템은 가격적으로도 싼 것이 아니지만, 대량생산을 하면 가격은 내려간다.

▶ 대열 주행은 이미 가능해졌다.

트럭을 고속도로 전용차선에 모아놓고 짧은 차간 거리로 대열 주행시키는 아이디어는, 유럽에서 프로메테우스 계획이 검토되기 이전부터 존재했다. 정체완화, 사고율 감소, 에너지 소비 저감 등이 목적이었다. 과거에 실증실험이 이루어졌던 예도 몇 가지 있다. 근래에는 센서와 컴퓨터 등과 같은 전자기기가 눈부시게 발전하면서, 예전에는 미래의 과제로 여겨졌던 것이 한 가지씩 해결되고 있다. 우측 사진은 일본의 NEDO가 실행한 실증실험으로서, 3대의 대형 트럭을 차간거리 4m만 주고 일렬 종대로 주행시켰다. 차속은 시속 80km로서, 원거리 차량의 인식과 측면 카메라를 통해 백색 선을 인식한다. 조향장치는 원래 대형차량에 장착되어 있는 유입 순환 몰 방식을 그대로 사용해, 조향 핸들을 자동으로 조작하기 위한 모터를 운전대 중간의 스티어링 샤프트에 장착하고 있다. 주행 중일 때는 핸들 조작력이 10N(뉴톤) 이하라고 한다. 2012년도에 실험은 성공했다. 다만, 실용화까지는 「어떠한 수순으로 대열을 조합할 것인지」를 포함해 정비해야 할 내용이 상당히 많다. 하드웨어가 실증되었을 뿐이다.

산업기술종합 연구소의 테스트 코스에서 이루어진 실험풍경. 후속차량의 운전석에는 운전자가 앉아 있다. 시속 80km에 차간거리 4m는, 실제로는 「굉장히 무섭다」고 한다. 원래의 2초 차량 간격이라면 22m는 필요한 상황이다.

I drive Car or I ride on self-Driving Car.

우리들은 지금, 자율운전과
어떻게 마주해야 할 것인가?

Illustration Feature
Autonomous Driving

EPILOGUE

자동차가 탄생한 이래 100년이 지난 현재, 처음으로 자동차가 자율운전이 되려는 단계에 와 있다.
운전자가 운전조작을 하지 않아도 안전하게 달릴 수 있는 시대가 다가오고 있다.
그런 기술적 변혁기에 있어서, 우리들은 자율운전을 어떻게 받아들이고, 어떻게 대처해야 할까?
취재를 거듭해 온 저널리스트 마키노 시게오선생과 본지 편집장이 대담형식으로 이야기를 나누었다.

본문 : 마키노 시게오　　사진 : 마키노 시게오 / 아우디 / 다임러 / 보쉬 / 볼보 / VW

편집장 : 「"자율운전에 대해 어떻게 마주해야 할까?"라는 주제를 가지고 이야기 나누겠습니다. MFi 입장에서는 먼저 긍정적으로 생각하고 싶다는 것입니다. "자율운전 따위 필요 없다"는 사람도 적지 않은 것은 잘 알려진 바와 같지만, "적극적으로 해야 한다"라는 방향으로부터 진행해 볼까요」

마키노 : 「일본의 부품회사 기술자들에게 물어봐도 "일단은 어떠한 세계인지를 알기 위해서도 자율운전을 시도해 봐야 한다"는 의견이 많습니다. 자사 기술로 무엇을 할 수 있느냐하는 것은 별도로 치고, 어쨌든 "이 연구를 진행하면 어떤 과제에 부딪칠 것인가?"라고 하는 것만 알아도 좋지 않으냐고 기술자는 생각하고 있다는 것이죠. 구글의 자율운전 영상이 공개되거나 현실감을 가진 영상을 볼 기회가 많아졌습니다. 그러한 영상을 보고 "이대로 아무것도 하지 않고 있으면, 구미에 뒤쳐진다"는 위기감이 기업 경영진을 중심으로 확산된 것이 최근의 상황입니다. 하지만 거기서부터 "뭔가 해야한다"는 의견일치를 얻기까지는 빨랐죠. 특히 분위기 변화 속에 열린 ITS국제회의 호스트로 교통행정 등에 여러 가지 생각이 많아서, "뭔가 해야 할 것 같은데"하고 생각하고 있던 도쿄도가 됐다는 것도 컸다고 생각합니다. 저마다의 생각은 있겠지만, 일단은 "뭔가를 해보자"라는 분위기는 취재를 하면서 느껴졌습니다」

편집장 : 「세계적으로 봐도 근 1~2년 동안의 이야기인 셈이죠. 구글 카가 나오고 나서부터라는 인상입니다. "2020년"이라든가 "2025년"이라는 식으로, 어느 정도 년도를 설정하는 메이커도 등장했는데, 제가 보기에는 과거의 전기자동차나 연료전지차 등과 마찬가지로, 이 예정이라는 것이 애드벌룬을 띄우는 것 같은 느낌입니다. 기술자야 그렇다 치더라도 기업으로서의 진지함은 어느 정도나 될까 하는 것이죠. 예를 들면, 2025년에 VW 골프에 완전 자율운전기능이 들어가느냐 하면, 저는 "무리"라고 생각합니다. 메르세데스 벤츠의 S클래스라든가 E클래스 같은 고급 차량에 도로연대형 고속도로 순항기능 같은 한정적인 기능이 들어간다는 것은 있을 수 있겠지만요. 하지만 그런 "뭔가 해보자"라는 흐름 속에서 탄생하는, 더 현실적인 기술은 있을 것이라고 생각합니다. 그 때문이라도 모두가 "뭔가 해 봤다"고 하는 근본적인 흐름을 알아두는 것은 중요하기 때문에, 그런 부분에서 저는 긍정적으로 봅니다」

마키노 : 「대부분의 핵심기술을 갖고 있는 것은 사실 일본입니다. 예를 들면, 스티어링 바이 와이어(Steer by wire)라든가, 근거리 시야 모니터(Around view monitor) 같은 겁니다. 근거리 시야 모니터는 후방뿐만 아니라, 어느 정도 근거리에서 전진 중에도 모니터링을 할 수 있다면 자율운전에도 유용하게 응용할 수 있을 것이라고 생각해, 3년 정도 전부터 닛산의 기술자들이 연구해 왔습니다. 이미 그 시점에서 "기술적으로는 가능합니다"라는 대답이었죠. 거기에 디퍼처 워닝(Departure warning), 이미 백색 선 인식이라는 기술은 있지 않았습니까. 장애물을 감지해 자동으로 제동하는 기술도 있죠. 오토파킹도 그런 것이고요. 하나하나의 기술을 보면, 자율운전에 대한 기술이 상당히 갖춰져 있는 셈입니다. 하지만 현실적으로는 그런 기술이 "점"으로만 존재하기 때문에, 이것을 어떻게 "선"으로 만들어 나가느냐가 일본의 과제라 할 수 있습니다. 기술인 측면의 분위기를 띄우는 것은 역시나 외국세가 능숙합니다. 일본은 "기술은 전부 우리가 갖고 있다"고 말하는 시점에서 그대로 "선"으로 연결하는, 요컨대 시스템으로 제안할 수 없다면 장치만 만드는 나라로 끝나버립니다」

편집장 : 「개개의 기술을 시스템으로 구축하기 위해서는 시가지, 일반도로에서의 실험이 필요하겠죠」

마키노 : 「반드시 해야 하는 것이죠」

편집장 : 특구를 만들어서라도 말입니까?」

마키노 : 「우선 대전제로, 어떠한 실험을 하는데 있어서 일본은 대단히 혜택 받은 환경에 있는 셈이죠. 대부분의 주민이 일본어를 말하고, 국민의 식자율(識字率)이나 언어이해율도 거의 100%입니다. 게다가 무엇보다 유럽처럼 다른 나라와 국경을 접하는 나라들과 달리 섬나라이기 때문에, 실험을 할 때 다른 나라의 염려나 간섭도 안 받습니다. 실험에 있어서는 무엇이든 할 수 있는 것이죠. 하지만 특구를 만들려고 하면 반드시 지자체로부터 "사고가 났을 경우에는 어떻게 되는 것이죠?"하는 문제가 처음부터 나옵니다. 그렇기 때문에 먼저 환경정비를 빨리, 그리고 제대로 해야 하는 것이죠. 이미 미국에서는 플로리다에서 일상적으로 달리는 수준이기 때문에, 빨리 움직여야 할 겁니다」

편집장 : 「미국에서 등록번호판을 단 자율운전 차량이 운행 중이라고는 하지만, 반드시 운전석과 조수석에 1명씩 앉아야 할 뿐만 아니라, 조수석에 앉은 사람은 계기를 감시해야 한다는 조건이 있습니다. 요컨대, 자율운전이라고는 하지만 공도를 주행할 때는, 실제로는 2명이나 타고 있어야 하는 것이죠. 그것도 사고대책의 법규 정비입니다」

마키노 : 「미국은 가입하지 않았지만, 원 조약이 있기 때문에, 완전무인운전으로 공도를 주행해서는 안 되는 것이죠」

편집장 : 「원 조약의 "운전자" 항목인 것이죠. 그것과 속도, 차간거리 관리에 대해서 정해진 부분. 이런 것들이 완전무인운전을 해서는 안 된다는 현 시점의 논거가 되고 있는 셈이죠. 일본은 원 조약에 가입하지 않았기 때문에 유럽이 원 조약을 운운하고 있는 가운데, 신속하게 공도실험을 시작해야 한다는 의견도 있습니다(웃음)」

마키노 : 「말씀하신 대로입니다」

편집장 : 「역시 공도를 달려야만 수집할 수 있는 데이터는 테스트 코스의 테이터와는 다르죠」

마키노 : 「취재한 기술자는 완전 다르다고 했습니다. 일단 공도에 나가는 순간부터 다르다고」

편집장 : 「이번에 후루가와 선생을 인터뷰했을 때, 미국은 자동차가 없으면 생활이 안 되는 나라이기 때문에 어쨌든 자율운전에 대한 수요가 있다는 이야기였습니다 미국인은 "이동의 자유"를 굉장히 중요시하고 있다고 말이죠」

마키노 : 「말을 타던 시대부터 그랬었죠」

편집장 : 「그 "이동의 자유"라는 사실로부터 지금, 미국에서 정말로 진지하게 논의되고 있는 것은 시각장애자에게 운전을 시키겠다는 것이라고 합니다. 운전을 시키는 것이 좋은지 나쁜지 하는 차원이 아니라, 이미 운전시키는 것을 전제로 하고 있다는 것이죠. 이것은 자동차를 사용하지 않고는 아

1968년 원 도로교통조약
Vienna Convention on Road Traffic

제8조 운전자
1. 주행 중인 차량 또는 연결차량에는 운전자가 탑승하고 있어야 한다.
2. 적재용, 견인용 또는 승용으로 이용되는 동물 및 가축(입구에 일정한 표시가 있는 특별 구역인 경우는 제외)에 대해서는, 한 마리인지 또는 여러 마리인지에 상관없이, 그것들을 유도하는 사람이 없으면 안 된다는 규정을 국내법력으로 정한 것을 권고한다.
3. 운전자는 운전에 필요한 육체적 및 정신적인 능력을 가져야 하며, 또한 육체적 및 정신적으로 운전에 적합한 상태여야 한다.
4. 동력차량의 운전자는 그 차량을 운전하는데 필요한 지식 및 기능을 가져야 한다. 단, 이 요청은 연습운전자가 국내법령에 맞춰서 하는 연습도 무방하다.
5. 운전자는 어떠한 때에도 차량을 적정하게 조종하고 또는 동물을 유도할 수 있어야 한다.

제13조 속도 및 차간거리
1. 차량 운전자는 어떠한 상황에 있어서도 항상 적절한 조작을 할 수 있고, 또한 필요로 하는 동작이 가능한 상태를 계속 유지하도록 하면서 차량을 조정해야 한다. 운전자는 차량의 진행속도를 결정하는데 있어서 항상 주변상황 특히 지형, 도로상황, 차량상태, 적재물, 기상상황 및 교통량에 주의하고, 전방의 시야 범위 내에서 정지할 수 있도록 하며, 또한 장애물이 있을 때는 그 직전에서 정지할 수 있어야 한다. 주변상황에 따라서는, 특히 시계가 좋지 않을 때는 감속해야 하고, 또한 필요에 맞게 정지해야 한다.

무 곳도 갈 수 없는 지리적인 문제도 있겠지만, 기본적인권의 중요한 부분에 "이동의 자유"가 있기 때문으로, "시각장애자가 운전을 하지 못해서는 안 된다"는 공감대가 있기 때문이라고 합니다. 그런 측면에서 보자면, 자율운전의 또 다른 측면이 보이는 것이죠. 지금은 자율운전 중인 자동차에 이상이 발생했을 때는 바로 누군가가 인계받을 수 있어야 한다는 조건으로 공도주행이 허가되고 있지만, 시각장애자가 운전해도 되는 상황이 되었을 때, 대체가 안되는 것이죠. 어떤 의미로는 무인운전과 똑같은 것입니다. 그래서 미국이 무인운전 방향으로 간다는 것은, DARPA의 주행실험 같이 군사적 측면도 있지만, 누구에게나 동등하게 "이동의 자유"를 준다는 측면이 큰 겁니다. 일본과는 사정이 많이 다르다고 생각합니다」

마키노「일본에서도 적용할 수 있다고 한다면 고령자이겠군요」

편집장「그와는 정반대의 의견일 수도 있는 우스갯소리로, 자율운전이라는 말이 나오면 반드시 "그럼, 술 마신 다음에 대리운전을 안 불러도 차가 알아서 집까지 데려다 줄 수 있겠네"한다는 겁니다. 그래서 기술자에게 이런 이야기를 들려줬더니 "그건 아닙니다"라는 것이죠. 대대에 걸치더라도 "자동차에는 사람을 타락시킬 수 있는 기능은 허락되지 않을 것"이라는 의견이었습니다. 자율운전이 가능해진 시점에서는 당연히 탑승객의 알코올 감지도 가능할 것이기 때문에, 운전석에 앉은 사람한테서 알코올 냄새가 나면, 자동차는 움직이지 않는다는 것이죠. 그리고 또 한 가지, 자율운선이 되면 안전성은 높아지겠지만, 교통사고는 없어지지 않는다는 것입니다. 자율운전이라도 물리적인 한계는 넘어설 수 없기 때문입니다. 그럴 때 "그러니까 자율운전은 안 된다"고 말하는 것은 조금 이상한 것이, 이미 상황이 변했을 테니까, 그런 말은 지금 하는 것이 좋을 것이라 생각합니다. '자율운전이 가능해져 가속페달과 브레이크페달을 잘못 밟지 않을 것이라는 점에서 안전성은 높아질지 모르지만, 브레이크의 성능이 좋아지는 것은 아니다'라고 말이죠. 게다가 일부러 부딪쳐 오는 사람한테서 피하지도 못한다고 말이죠」

마키노「법규 정비를 어떻게 하느냐의 문제입니다. 특히 "자율운전 중에는 운전자의 책임 외인가?"하는 점이죠. 하지만, 이것은 지금 바로 결정해야 할 일은 아니라고 생각합니다. 해 나가면서 점점 방향을 수정해 나가면 되는 이야기이니까요. 그것보다도 자율운전과 책임에 관한 이야기의 최종 종착점이, "그럼, 운전면허가 없어도 되는 것 아닌가"하는 이야기가 될 것이라고 생각합니다. 어린애도 되는지, 애완견도 상관없느냐는 것이죠. 완전 자율운전이 된다면 불가능한 일은 아니기 때문에, 어디까지 운전을 용인하느냐의 문제가 있는 것입니다. 그럼, 자율운전을 하기 위해서는 무인이

아니라 유인으로 하고, 운전자는 반드시 깨어있는 상태에서, 현재의 교통법의 연장선상에서 등등으로 나가다 보면, 이번에는 자율운전이라는 의미가 없어집니다. 규제를 완화해야 할 부분은 완화해야겠지만, 과연 사회적 합의를 얻을 수 있을까? 하는 점이죠. 여기서 가장 중요한 것은, 모두가 한 마음이 되어 "어쨌든 해 보자"고 생각하는 것입니다. 다소간 곤란한 점도 있을 테지만, 그것을 넘어서려는 용기가 없으면 전진은 없는 것이죠」

편집장「그런 면에서도 미국은, 우리들이 생각하고 있는 것보다 사회적 분위기라고 할까, 진취적인 정신이 대단한 것 같습니다. 게다가 실제로 가보면 알 수 있지만, 국토가 광대하기 때문에 자율운전이 필요한 나라라는 점입니다」

마키노「일본 같은 경우는 길어도 이틀만 달리면 못 닿을 곳이 없죠(웃음). 일본에서는 정속 주행 제어 같은 것이 없어도 별 무리가 없기 때문에, 내장되어 있어도 사용하지 않는 사람이 많지만, 미국에서는 70년대부터 필수장비였습니다」

편집장「자율운전이 보급될지 어떨지는, 결국 그 나라의 분위기라 할지, 자동차 문화 혹은 자동차에 대한 이해도에 따라 좌우될 것으로 생각됩니다. 운전 예절이 정착되어 있고, 자동차라는 것에 대한 인식이 그 나라 안에서 공유되어 있지 않으면, 역시 쉽지 않겠지요」

마키노「아마도 가장 접목하기 쉬운 나라는 독일이 아닐까요. 자동차에 대한 의식적인 면이나, 속도표지를 엄격하게 지키는 교통 도덕적인 면을 보면 말이죠」

편집장「받아들이기 쉽겠네요」

마키노「일본은 "아무도 안 보고 있으면 괜찮아"하는 면도 있으니까요」

편집장「독일에 가서 아우토반을 달려보면, 트럭은 절대로 추월차선으로 들어오지 않는 등, 교통 도덕이 잘 잡혀있죠. 그 정도라면 모두가 속도를 지켜주니까 자율운전을 단행해도 안심이 되겠죠. 하지만 일본 같은 경우는, 고속도로에서 갑자기 트럭이 차선을 변경하는 상황이 종종 있으니까요. 부딪치지는 않을지라도 위험하다는 느낌을 줍니다. 트럭이 앞으로 들어올 때마다 급하게 브레이크를 걸어야 한다면 차라리 직접 운전하는 편이 좋을 것이라고 생각하겠죠. 모 초대형 부품회사의 자율운전 담당 여성중역이 방일했을 때 자율운전에 대한 설명 후의 질의응답에서, 왜 자율운전을 하느냐는 질문에 대해, "일정한 속도로 고속도로를 달리고 있을 때는 메일 정도는 봐도 괜찮지 않을까 하고 생각합니다. 독일사람 역시 그런 시간에는 메일 정도는 하고 싶을 것입니다. 약간 정도는 한 눈을 팔 시간이 있어도 괜찮다고 생각합니다"라고 대답한 것입니다. 스마트폰 화면 정도는 봐도 되지 않느냐고 생각할 정도로, 교통 흐름이 안정적이라는 것을 말해주는 것이기도 하

지만, 작금의 인포테인먼트와의 관련도 무시할 수 없다는 느낌도 듭니다」

마키노「독일의 카 내비게이션은 주행 중에도 조작할 수 있게 되어 있죠」

편집장「그것과는 별도로, 보쉬에 근무하던 사람이 있었는데, "포르쉐에 자율운전을 접목할 수 있을까?"하는 질문을 받는 경우가 종종 있다고 합니다. 이에 대해 "자율운전이란 All or Nothing이 아니다. 재미없는 곳에서만 자율운전에 맡기고, 재미있는 곳은 직접 운전해서 즐기면 된다"고 대답합니다. 자율운전 이야기가 나오면, 무슨 이유인가 "전부자율운전"인지 "자율운전은 하지 않는다"는 식의 양자택일이 되어 버리는데, 그렇지 않다는 것이죠」

마키노「좀 전의 "약간의 곁눈질"이라는 여유시간이, 바로 초대형 부품회사의 목적이라고 생각합니다. 이 "약간의 곁눈질" 시간여유를 갖기 위해서는 별도로 완전자동이 아니라도 됩니다. 수동으로도 정속 주행과 차선유지 지원, 거기에 조향 핸들을 움직이는 기능을 갖추고 있고, 자동 브레이크와 360도 경고가 내장되어 있으면, 메일을 볼 시간을 만들 수 있는 것이죠. 하지만 "약간의 곁눈질"을 위한 장치나 완전자율운전을 위한 장치나, 그다지 차이는 없습니다. 그렇다고 한다면, 남는 것은 소프트웨어인 셈입니다. 다만, 부품회사로서는 그런 것을 시스템화해서 통째로 팔고 싶겠죠. 그런데 유감스럽게 일본의 부품 업체에게는 그런 것이 없습니다. 각 회사가 따로따로 움직이는 것 같은 느낌으로, 하다못해 같은 자동차 메이커 그룹의 부품회사 정도는 모였으면 합니다. 그렇게 되면 무엇이라도 할 수 있겠죠. 시스템을 제안해 나가지 않으면, 처음에 언급했듯이 장치나 만드는 역로로 머무릅니다. 성능이 좋고 싼 장치는 일본에서 사면된다, 계속해서 가격은 협상하면 된다고 생각하겠죠. 가장 돈이 되는 소프트웨어와 통행료 징수 시스템은 미국과 유럽에서 전부 공급한다고 말이죠. 그런 식으로 흐르게 되면 상당히 괴로울 것입니다」

편집장「자율운전 이야기에서 반드시 나오는 것 가운데는 구글 카도 있습니다. 종종 경제지 등에서 볼 수 있는 내용은, "구글이 노리고 있는 것은 자동차용 OS"라는 이야기입니다. 자동차용 OS, 예를 들면 안드로이드 카 같은 것을 만들어 OS를 넣으면, 도요타가 됐든 닛산이 됐든 또는 메르체데스가 됐든 간에 차이가 없어진다는 것이죠. 그것을 자동차 메이커가 두려워하고 있기 때문에 좀처럼 자율운전에 나서지 못하고 있다는 논조인 것입니다. 하지만 저는 그것이 의심스럽습니다」

마키노「그것은 아니지요. 전기자동차 때의 경제지 예측도 그랬던 것 같군요(웃음). 자율운전에 대한 소프트웨어를 넣었다고 해도, 액츄에이션 즉, 동작이라는 것은 만들어 넣지 않으면 안 되기 때문에, 그것은 전혀 관계없는 이야기인 것이죠」

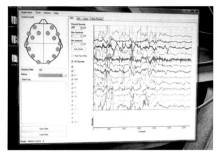

인간의 표정은 반드시 심리와 일치하는 것은 아니다. 웃고 있어도 마음은 화가 나 있는 경우도 있다. 운전자의 표정을 정확하게 파악하기 위해 얼굴 근육 패턴과 뇌파, 근전(筋電) 등과의 상관관계를 해명하려는 연구가 독일과 오스트레일리아에서 진행되고 있다. 이것을 어디에 응용할지는 아직 비밀인 것 같다.

대열주행을 연구하고 있는 곳은 볼보이다. SARTRE라고 하는, 스웨덴 국가 프로젝트의 일환으로 진행 중이다. 운송업자들로부터의 요구가 높은 것 같다. 이 사진은 스페인의 일반도로에서 트럭과 승용차가 일렬 종대로 달리는 실험을 했을 때의 모습이다. 최고속도는 85km/h. 차간거리는 4m.

자율운전기술의 스타라 할 수 있는, 벨로다인 회사제품의 레이저 스캐너 HDL-64e. 가격은 약 8천만 원으로 상당히 고가이지만, 자율운전기술 개발에 있어서는 빼놓을 수 없어서, 각 메이커에서는 빠짐없이 구입하고 있다. 센서의 고성능화 · 저가격화도 중요한 요소이다.

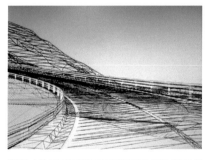

레이저 스캐너와 카메라 영상을 조합해 정확한 3차원 지도를 작성하는 것도 진전이 두드러진 기술이다. SLAM 기술의 발전도 자율운전에 큰 영향을 끼칠 것이다. 인프라를 제외하고 자차위치를 정확하게 측정할 수 있는 기술은 자동차 메이커나 사용자 모두에게 매력적이다.

각 자동차 메이커는 HMI(Human Machine Interface) 연구를 추진한다. 자율운전 같은 경우에, 운전자가 무엇을 보고 있는지, 운전자에게 어떤 정보를 얼마나, 어떻게 보여주면 좋을지 등등에 대해 VR(Virtual Reality)기술을 사용해 계속 개발 중이다.

유럽의 지동운전에 대한 대도				
좋은 생각! 단, 스스로 자동운전을 차단할 수 있어야 한다.	60%	52%	63%	65%
운전자 지원 시스템 다음의 단계로서는 윤리적이다.	54%	56%	50%	55%
기술적으로 가능하다.	50%	52%	48%	48%
운전을 더 안전하게 한다.	44%	40%	42%	49%

Source : BOSCH Driver survey2012

유럽의 주요 3개국(독일, 프랑스, 이탈리아)에서의 자율운전에 대한 태도는, 현재 상태에서 반신반의하는 모습이다. 그러나 스스로 자율운전을 할 수 있다는 조건 하에서는 찬성파가 과반을 넘는다. 자율운전에 대한 이해와 관용도는 아마도 앞으로 급속하게 높아질 것이다. 그 시점에서 어떤 공통인식을 갖고 있느냐가, 앞으로의 보급에 영향을 끼칠 것으로 보인다.

편집장 :「그 이야기를 미국의 콘티넨탈에 취재하러 갔을 때 물어봤었습니다. "당신들도 이 정도로 열심히 해 오고 있으니까, 콘티넨탈 OS 같은 것을 만들고 싶지 않느냐? 그런 OS를 만들어 자동차 메이커에 팔면 좋지 않나요?" 하고 말이죠. 그랬더니 "물론 그러고 싶습니다. 하지만 불가능합니다"라고 대답하더군요」

마키노 :「그것은 무리겠죠. 나라마다 캘리브레이션도 어렵고, 메이커마다 자동차에 대한 철학도 다르니까 거기에 개별적으로 대응할 수 있는 OS는 만들 수 없을 것입니다」

편집장 :「그렇습니다. 게다가 자동차라는 것은 어떤 때라도 안전을 담보하지 않으면 안 되어서, 어떤 메이커든 간에 가장 중요한 것은 안전이기 때문에, 그에 대한 검증을 철저히 하고나서가 아니면 OS를 업데이트 하지도 못한다고 하더군요. 스마트폰 같이 간단하게 업데이트하는 일이나, "iOS6에서 7로 바뀐 다음에 이렇게 기능이 추가되었습니다"하고 안내하는 것은 있을 수 없다고 말하더군요」

마키노 :「어떻든지 간에 본격적인 자율운전 기술개발은 이제 막 시작되었습니다. 앞으로도 주의 깊게 살펴보고, 생각하면서 언급해 나가는 것이 중요하다고 생각합니다」

(정리 : MFi 편집부)

자동차

VOLT WATT AMPERE

전기

자동차에 흐르는 전기 이야기

자동차에서 엔진은 주로 심장에 비유된다.
그러면 오일은 피에 해당할까.
그렇다면 차 안으로 전달되어 각종 장치들을 동작시키는
신호인 전기는 신경에 해당된다.

연비를 절약하고, 엔진부하를 낮추기 위해
기계로 움직이던 장치의 전동화가 진행되면서,
자동차의 전기의존도는 멈출 기세가 없다.
나아가 최근에는 자동차 구동용으로
전기모터를 이용하는 차종이 많이 나타났기 때문에
이를 위해 고전압까지 필요로 한다.
에너지를 회수하기 위해 회생이라는 방법도 일반화 되었다.
이처럼 많은 개념이 뒤섞이고, 각각이 중요한 역할을 수행하기 때문에,
전기에 대한 이해가 어려워지고 있다.
그 때문에 어렵다는 인식을 갖기 쉽다.

이번 특집은 자동차의 전기에 대해 구체적 사례를 살펴보면서
해설을 가미했다.
전기는 어떻게 만들어지고, 사용되며, 회수될까.
왜 전기를 이용하는 것일까.
그로 인해 자동차에는 어떤 장점이 있을까.
다각적인 시야로, 자동차 전기를 생각해 보자.

자동차의 전력은 충분할까?

─── 전장품이 지배하는 시대의 전기 설계 ───

자동차 메이커의 전기장치 설계자는 「전력부족은 그다지 느끼지 않는다」고 한다.
부품공급회사의 기술자는 「최근에는 전력소비 제한이 아주 엄격하다」고 말하고 있다. 이것은 양쪽 모두 맞는 말로서,
어느 한 쪽이 거짓말을 하는 것은 아니다. 각 부분의 전력을 끊임없이 절약하는 노력을 계속하고 있기 때문에
전체적인 전력이 부족하지 않은 것이다. 더구나 저전력화에는 「이 정도면 충분」하다는 식의 구분이 없다.
차량탑재 전장품이 계속해서 늘어나도 전기설계는 대응해 나갈 것이다.

글 : 마키노 시게오 (牧野茂雄)

중량급 승용차용 랙 드라이브 EPS(전동 동력 조향 장치)는, 정지상태에서 조향 핸들을 돌린다고 했을 때, 로크(Lock)가 걸리는 상태까지 1만 5000Nm나 되는 힘을 사용한다. 대배기량 가솔린엔진이라도 최대 토크 500Nm이면 상당히 강한 편인데, 최대급 EPS는 그것의 30배나 되는 토크를 사용한다. 노면과 타이어 사이에서 발생하는 마찰력을 극복하고, 앞바퀴 하중에도 대응하면서 앞바퀴 조향각을 바꾸려면 상상 이상으로 큰 측력(횡방향 힘)이 필요하다. 그 힘을 전기모터로 발생시키는 것이 EPS이다. 경량급 승용차용 조향 핸들 가까운 위치에 모터가 있는 칼럼 형식 EPS라도, 최대 60A(암페어) 정도를 소비한다. 다만 고속도로 주행처럼 타이어가 고속으로 회전하는 상태의 직진에서 핸들을 미세하게 수정할 때는 2~3A밖에 사용하지 않는다. 그 차이가 크다.

만약에 EPS가 언제나 많은 전기를 소비한다면 EPS를 거의 사용하지 않을 것이다. 엔진 힘으로 오일펌프를 구동시켜 유압을 얻는 쪽이 전체 효율이 좋다고 한다면, 대부분의 승용차가 유압 동력 조향 장치를 계속 사용할 것이다. 그러나 EPS가 발전하면서 유압식을 대체했다. 가장 큰 요인은 연비 때문이다.

각국의 모드 연비시험에서 조향 핸들은 직진상태로 유지된다. 유압식인 경우는 항상 오일펌프가 작동하기 때문에, 작동하는 만큼 엔진의 힘을 소비한다. 하지만 EPS는 조향 핸들을 조작할 때만 전기모터가 작동하고, 입력이 전혀 안 들어갈 때는 모터를 구동시키지 않아도 된다. 그래서 모드시험에서는 연비가 좋아지는 것이다. 무엇보다 실제 도로상에서 운전자는 항상 미세하게라도 조향 핸들을 조작하고 있기 때문에, EPS의 모터가 완전히 정지해 있는 상황은 극히 드물지만, 중요한 것은 모드시험이다.

지금 유럽에서는 자동차의 전압을 48V(볼트)로 높이려는 움직임이 있다. 목적 가운데 하나는 연비이다. 현재의 12V 전원에서는 통상적인 공랭식 발전기의 발전량에 그다지 여유가 없다. 수랭식 발전기라 하더라도 300A 정도가 한계이다. 그러나 전원을 48V로 높이면 여유가 생긴다. 발전기를 전기모터로 이용하기에도 유리하고, 그것과는 별도로 작은 모터를 장착해 48V로 작동하게 하는 것을 생각해도 유리하다. 모드운전에도 일정한 정차시간과 재출발이 있기 때문에, 엔진시동과 출발에 48V계 전원을 이용할 수 있으면, 확실히 모드연비에는 유리하다. 200V 이상의 전압을 이용하는 HEV(하이브리드 차)는 비용이 들지만, 48V 전원으로 하면 저비용으로 HEV 연비효과를 얻는다. 48V로 높이려는 배경에는 이런 의도가 숨어있다.

10여년 전에 42V로 만들려던 시기가 있었다. 이유는 전력부족이었다. 전자기기가 점점 늘어나는 가운데, 진지하게 「이대로는 전기가 부족하다」는 분위기가 형성되었다. 당시의 발전기와 납 축전지의 성능은 현재에 비하면 상당히 변변치 않았기 때문에, 그 해결책으로 12V 축전지를 직렬로 3개씩 연결해 36V로 하고, 발전은 14V×3으로 해서 42V를 만들 수 있다는 계산이었다. 12V라도 수전전압(受電電壓)은 14V이기 때문에 발전하는 쪽은 42V가 된다.

그러나 실제로 42V계 전원을 사용한 예는 도요타의 크라운 마일드 하이브리드와 닛산 마치의 「e-4WD」정도였다. 여러 가지 부품과 송전계를 42V에 대응하도록 설계를 변경하는 비용 때문에 자동차 메이커가 주저했다. 동시에 12V계의 반격도 시작되어, 발전기는 각형(角形)전선을 사용해 권선밀도를 높임으로서, 납 축전지의

극재(極材)나 구조를 개량했다. 그 결과 12V 시스템이 연명된 것이다.

그러면 지금 현재, 과연 자동차의 전력은 충분한 것일까? 점점 증가하는 전자기기가 12V에서 100~150A 정도를 발전하는 일반적인 발전기의 능력을 압박하고 있을까? 이 점에 관해 자동차 메이커에 물었더니, 「전력사정은 그다지 크게 바뀌지 않았다」는 대답이 돌아왔다. 「특별히 부족한 상황은 아니다」는 것이다.

한편, 부품이나 유닛을 공급하는 회사에게 물었더니, 「저전력화에 대한 요구는 상당히 까다롭다」는 목소리가 많았다. 동시에 「여러 기능이 1계통의 전원라인으로 이어지고 있기 때문에 순간적으로 큰 전압이 필요할 때라도, 절대로 각 ECU(컴퓨터)의 최저동작 보증전압을 밑돌게 해서는 안 되며, 축전지에 충전된 전력을 끌어내 사용하는 상태도 가능한 피해야 한다」는 대답이었다.

자동차 메이커가 「특별히 부족하지 않다」고 말하는 근거는, 충방전 균형 때문이다. 옛날부터 자동차는, 축전지에 충전된 전력을 사용하는 것은 거의 엔진시동을 걸 때로만 한정한다는 약속을 완고하게 지켜 왔다. 전조등이나 와이퍼를 위한 전력은 발전기 발전전력으로 충당한다. 납 축전지에는, 언제라도 시동 모터를 일정시간 구동시킬 수 있는 전력을 충전해 놓는다. 그렇기 때문에 충전전압은 14V로서, 주행 중에 충방전 균형이 「방전」쪽으로 편중되지 않도록 발전기 성능을 확보할 필요가 있었다. 가능하면 항상 「충전」쪽, 즉 사용전력량을 웃돌게 전기를 만들어 조금씩 축전지에 전력을 충전하는 식으로 균형을 맞추는 것이다.

하지만, 전기가 없으면 작동하지 않는 장치가 아주 많아 졌다. 2000cc 급의 승용차에는 ECU 수량만 해도 50

개가 넘는다. ECU 하나가 필요로 하는 최저작동전류가 불과 0.2A나 1A밖에 안 된다 하더라도, 50개 정도나 되면 수 십 암페어를 소비하게 된다. 따라서 기기 하나하나의 저전력화가 부품공급회사에게 강하게 요구된다. 당연히 부품공급회사는 다양한 연구를 통해 그런 요구에 응대한다. 그 결과, 전체 에너지가 절약되는 것이다.

일본의 많은 가정에서 오래된 가정용 에어컨을 교체했더니 전기요금이 싸지는 경험을 했다. 후쿠시마 원자력발전 사고를 계기로, 필자의 집에서도 11년 전의 에어컨을 최신형으로 교체했다. 확실히 전력소비는 줄었다. 이것과 똑같은 일이 차량탑재 기기에서 항상 이루어지고 있다. 각 부품, 각 유닛의 에너지를 절약한 결과, 전력 부족을 피할 수 있는 것이다. 그만큼 부품공급회사에게는 개발에 대한 부담이 있기 때문에 「소비전력 제한은 심하다」는 말이 나오는 것이다.

만약에 축전지를 2개 장착한다면, 전력사정은 단숨에 좋아질까. 이 의문에 대한 해답을 스즈키가 「에너지 충전」으로 나타냈다. 납 축전지와 조그만 리튬이온 전지를 양쪽 모두 14V로 충전해 12V로 사용한다. 전압이 다르면 DC/DC 컨버터가 필요하지만, 같은 전압으로 사용하면 필요 없다. 스즈키는 회생할 때 양쪽의 축전지에 전기를 축전했다가, 각각에 역할을 분담시켜 사용하는 식의 방법을 선택했다. 그 결과 정차 중에 엔진을 꺼도, 조달할 수 있는 전력량이 늘어났다. 상당히 현명한 방법이다.

근래에는 이 아이들링 스톱 기능이 보편화되어 납 축전지에 대한 부담이 증가했다. 그 때문에 축전지 쪽이 진보했다. 도요타가 「비츠」에 이 기능을 옵션으로 장착했을 때는, 조그만 리튬이온 전지를 사용했었다. 납 축전지와는 전압이 다르기 때문에, DC/DC컨버터를 장착하는 식의 사치스러운 설계였다. 다이하쓰가 경자동차 「미라」에 아이들링 스톱 기능을 장착한 08년에는, 납 축전지의 진보가 뒤를 받쳐주고 있었다. 현재는 많은 아이들링 스톱 차량이 하나의 12V 축전지로 이 기능을 담보하고 있다.

자동차용 납 축전지는 전체 용량 가운데 아주 조금밖에 사용하지 않는 형식이 일반적이었지만, 근래의 아이들링 스톱 대응 축전지는 전체 용량의 70% 정도까지 사용할 수 있는 딥(Deep) 사이클형이다. 그러나 사용한 양은 충전해야 하기 때문에 발전기도 작동한다. 일반적으로는 거의 알려져 있지 않지만, 사실은 납 축전지와 발전기라고 하는, 예전부터의 콤비가 최근에는 매우 발전된 상태이다.

그러나 지금까지 해결되지 않은 문제가 있다. 자동차의 전기계통은 전력공급 배선이 1계통 밖에 없다는 것이다. 다음 페이지의 그림을 보면 요즘 자동차의 복잡한 전기배선 이미지를 파악할 수 있을 것이다. 가격과 공간적인 관계 때문에 전기공급을 2계통으로 하는 것은 어려울 것이다. 그런데 2계통이 된다면 어떻게 될까. 그렇지 않으면 지금은 2계통으로 할 필요는 없는 걸까. 뜻밖에 재미있는 주제로 생각되는데, 과연 어떨까.

주요 전장품의 소비전류

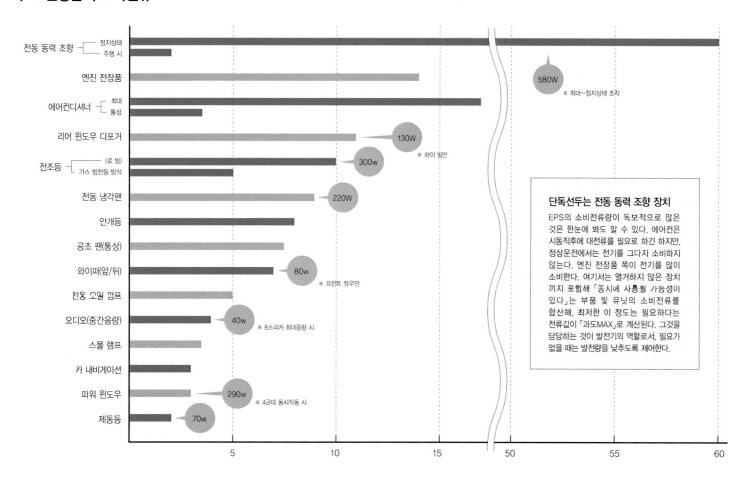

단독선두는 전동 동력 조향 장치
EPS의 소비전류량이 독보적으로 많은 것은 한눈에 봐도 알 수 있다. 에어컨은 시동직후에 대전류를 필요로 하긴 하지만, 정상운전에서는 전기를 그다지 소비하지 않는다. 엔진 전장품 쪽이 전기를 많이 소비한다. 여기서는 열거하지 않은 장치끼지 포함해 「동시에 사용될 가능성이 있다」는 부품 및 유닛의 소비전류를 합산해, 최저한 이 정도는 필요하다는 전류값이 「과도MAX」로 계산된다. 그것을 담당하는 것이 발전기의 역할로서, 필요가 없을 때는 발전량을 낮추도록 제어한다.

▶ 현재의 자동차 전기배선도

이 그림은 AT 또는 CVT를 장착한 C~D 세그먼트의 승용차 중 복수 모델의 실제 배선도를 조사해 필자인 마키노 시게오가 작성한 것이다. 최대한 자동차 메이커 고유의 특징을 배제해 「일반적으로는 이렇게 구성되어 있다」고 설명할 수 있을 징도로 간추렸다. 모델에 따라서는 탑재하는 전장품이 다르기 때문에, 독자 여러분이 평소 사용하는 자동차와는 다른 부분이 다소 있을 것으로 생각되는데, 이점은 널리 양해를 바란다. 또한 이 배선은 전력공급 부분만 그린 것으로, 데이터를 주고받는 CAN(Car Area Network) 및 센서류 등의 배선은 그리지 않았다.

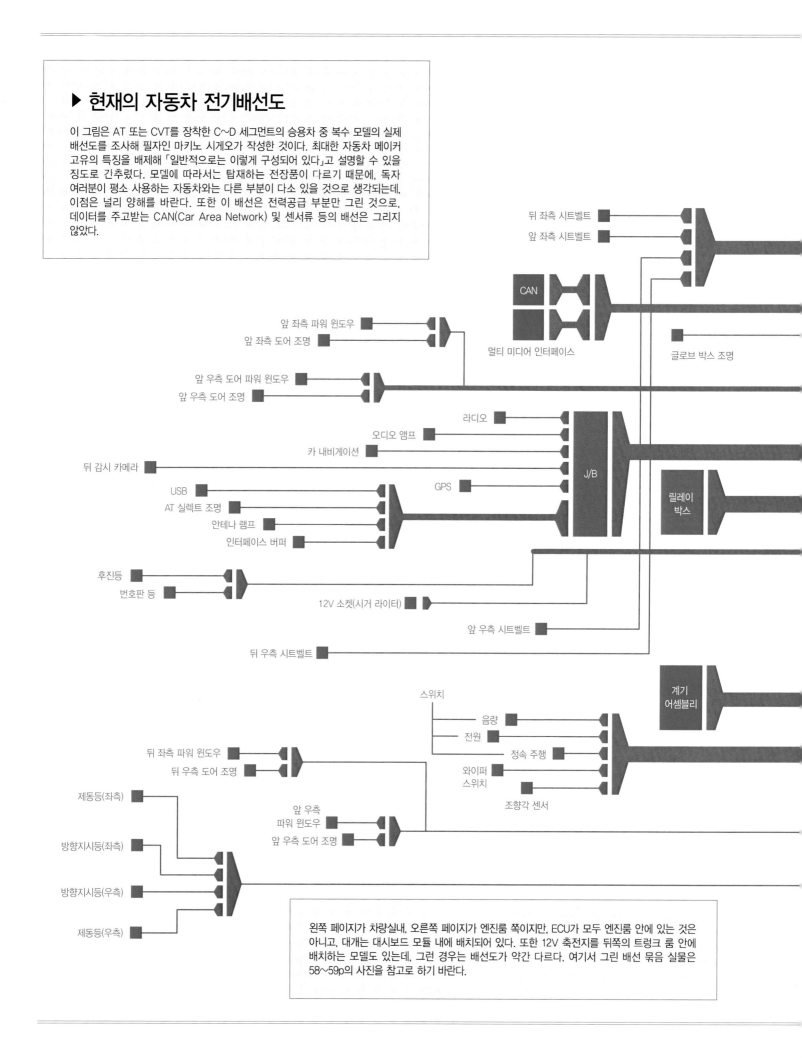

왼쪽 페이지가 차량실내, 오른쪽 페이지가 엔진룸 쪽이지만, ECU가 모두 엔진룸 안에 있는 것은 아니고, 대개는 대시보드 모듈 내에 배치되어 있다. 또한 12V 축전지를 뒤쪽의 트렁크 룸 안에 배치하는 모델도 있는데, 그런 경우는 배선도가 약간 다르다. 여기서 그린 배선 묶음 실물은 58~59p의 사진을 참고로 하기 바란다.

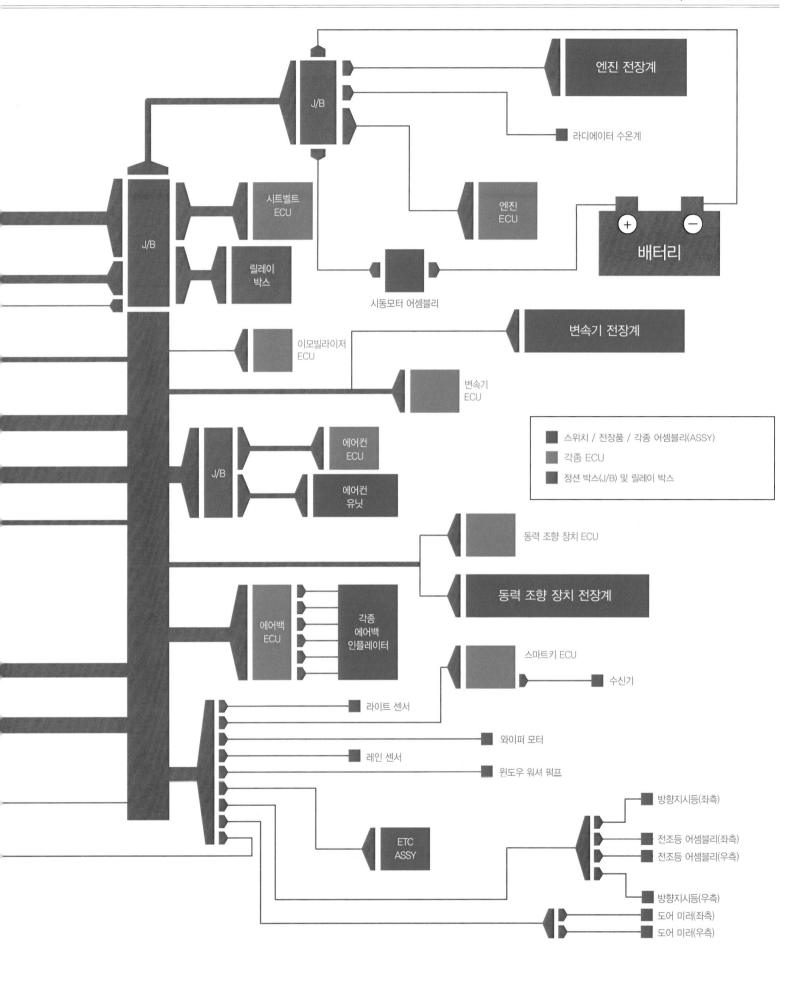

전자(電子) 아키텍처(Architecture) 설계의 실제

지금은 차량 1대분의 배선 묶음 중량이 어른 한 사람 무게 이상이다.
다루는 전기 스위치와 전자장비 수는 100가지가 넘는다.
설계담당부서에서는 어떠한 생각으로, 어떤 효과를 노리고 있을까.

본문 : 마키노 시게오   사진 : 스미요시 미치히또

닛산 자동차의 전자 아키텍처 개발부문에, 일상적으로 어떤 일을 하고 있는지 물어보았다. 단순히「자동차의 전기계통은 어떻게 설계할까」를 알고 싶은 동기이다.

닛산에 콕핏 모듈 등을 공급하는 칼소닉 칸세이를 취재했을 때, 그 많은 부품들과 복잡함에 놀랐었다. 앞 페이지 그림에 나타낸 것은 전원공급 배선뿐이지만, 전선 끝에 연결되어 있는 전자기기 내에는 잡음 발생원인인 코일 등이 많이 있다. 심지어 컴퓨터끼리 연결하는 데이터 통신회로, 소위 말하는 CAN도 있다. 잡음 대책과 데이터 통신속도 확보 및 데이터 교통정리만으로도 대단할 것 같다고 느꼈다.

동시에 전선 수와 무게에도 압도되었다. 묶여진 배선의 무게를 물었더니, 모델에 따라서는 80kg까지 나간다고 한다. 전에 제조공정을 보고도 놀랐었는데, 자동화가 어렵기 때문에 사람 손으로 작업하는 것이었다. 야자키총업에서 취재했을 때는, 전선 1개씩을 잘라 커넥터에 연결할 다음 다발로 묶는 작업을 본 적도 있었다.

닛산의 전자 아키텍처 개발부는 발전기, 축전지 주변, 계가 종류 등, 다양한 전자 유닛을 담당하고 있다. 그 가운데서도 자동차 인프라 측면에서 전원 주변을 담당하는 부서에 문의해 보았다. 대략적으로 설계는 어떤 수순으로 이루어지는지에 대해서.

「발전기는 100A/110A/130A 등이 있는데, 클수록 가격도 비싸집니다. 자동차 크기와 가격대에 따라 어떤 것을 사용할지는 대개 정해져 있는데, 그것을 결정하는 근거는 중간의 최대 전류값을 어디에 설정할 것인가 하는 점입니다. 그리고 축전지 용량입니다. 탑재요건과 가격이 있기 때문에 보디가 큰 고급차 말고는 여유 있게 장착하기가 어렵지만, 여러 가지로 궁리하고 있습니다」

충방전 균형도 최대 전류값과 발전능력, 축전용량이 정해지면 자연히 정해지는 것일까.

「그것은 차를 어떤 식으로 타느냐하는 것과 관련되어 있습니다. 예를 들면, 매일 5분밖에 타지 않는 경우와, 매일 반드시 30분을 타는 경우와는 충방전 균형 설정이 바뀝니다. 더 극단적으로는, 자동차를 여러 대 소유하고 있어서 한 달에 한 번 정도밖에 타지 않는 경우도 있습니

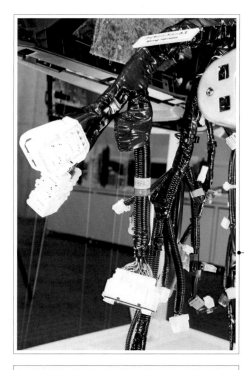

여러 가지 스위치나 모터, ECU에 전력을 공급하기 위한 커넥터 수도 많다. 이 사진은 좌측 핸들 차량의 조수석 쪽에서 도어나 보디 뒷부분으로 가는 배선 모습이다. 자동차의 생산라인 상황까지도 고려해 그룹으로 나뉘어 있다.

56~57페이지의 배선도 일러스트 중앙에 세로 쪽으로 그려져 있는 굵은 선이 이 부분에 해당한다. 인스톨멘트 패널 모듈의 내부, 차량을 가로지르는 튼튼한 스티어링 행어를 따라 100개 이상의 전선을 묶은 배선 묶음이 연결되어 있다.

다. 어디까지를 담보할 것인가, 입니다. 5분밖에 타지 않을 경우는, 엔진 시동으로 소비한 전력을 완전히 회복시키기가 쉽지 않습니다. 대용량 축전지와 고성능 발전기를 장착했어도 운전을 하지 않으면 쉽지 않습니다. 어떤 이용방법을 상정하느냐로 충방전 균형의 결정은 달라집니다」

그렇다. 자동차 메이커는 불특정 다수의 사용자를 상정하지 않으면 안 된다.

「발전기가 충분한 출력을 내지 못하면 충방전 균형은 축전지가 충전한 전력을 『줄이는』방향으로 움직입니다. 기본은 충전력(充電力)입니다. 하지만 순간적인 대전류를 즉시 공급하지는 못합니다. 에어컨을 켜고, 팬은 최대로 돌리고, 전조등을 점등하고, 모든 파워 윈도우를 동시에 조작하는 경우에는 발전이 따라가지 못합니다. 가능한 많은 상황에서 충방전 균형이 충전 쪽에 기울도록 설계하고 있지만, 당연히 예외적인 경우도 있습니다」

예전 상황이 생각난다. 여름 야간운전 중 교통정체가 발생했을 때, 에어컨을 작동시키고 전조등과 와이퍼, 카오디오를 사용하고 있었는데, 축전지가 방전했던 경우가 있었다. 필자가 갖고 있던 80년대의 모 독일회사 자동차이다.

「당시의 발전기는 엔진 회전속도 의존형이었기 때문이죠. 전압을 항상 계속 걸고 있었기 때문에 발전을 제어할 수 없었던 겁니다. 현재는 발전량이 가변 형식이 되면서, 아이들링 회전에서도 충방전 균형이 방전 쪽으로 들어가지 않도록 제어하고 있습니다. 유럽차는 주행 평균 속도가 높기 때문에 아이들링에서의 발전량은 한정되어 있습니다. 때문에 일본의 여름철 정체상황까지는 상정하지 않았을 것으로 생각합니다」

필자는 축전지가 방전되는 경험을 모 독일 자동차 메이커의 엔지니어에게 전달한 적이 있다. 그랬더니 「우리 자동차는 사하라 사막에서도 문제없다」는 답변이 돌아왔다. 그러나 달리지 않으면 충전되지 않는다. 나중에 그 엔지니어로부터 「우리들 식견이 부족했다」는 사과를 받았다. 유럽의 자동차 메이커가 도쿄의 정체와 도쿄타워 바로 아래에서의 전파방해를 반드시 시험항목에 넣게 된 것은 80년대 말이었다고 생각한다.

「평소에 우리들은 별 의식 없이 엔진시동을 걸고 있지만, 전기가 있기 때문에 시동을 걸 수 있는 것이다. 푸시 방식 스타터의 보급으로 예전과 같이 키를 액세서리 위치까지 돌려서 전원을 확인하는 작업이 생략된 것이죠. 사용자는 『전기를 사용한다』는 의식을 잘 갖지 않습니

다. 그러나 전기를 사용하고 있는 것이죠」

이 부분도 자동차의 가전화(家電化)라고 할 수 있다. HEV(하이브리드 차)의 보급도 우리들로 하여금 자동차=가전이라는 등식으로 생각하는데 일조하고 있다고 생각한다. 그러나 프리우스라도 12V 축전지가 방전되어서는 엔진 시동을 걸지 못한다.

「후가 HEV는 엔진시동을 360V의 구동모터와 리튬 이온전지로 걸기 때문에, 12V계의 납 축전지는 사용하지 않습니다. 그 때문에 EV 주행 중에도 엔진시동을 걸 수 있는 만큼의 전력을 반드시 확보합니다. HEV를 어떻게 할지에 대해서는 다양한 선택의 여지가 있습니다. 싼 HEV라면 엔진시동을 12V로 하는 것이 합리적이다. 12V는 가격도 익숙합니다. 그 끝에는 48V라는 길도 있습니다. 다만, 시동 모터를 12V 이상의 전압으로 작동시키는 일은 비용증가로 이어집니다. 계속해서 만들어온 부품이기 때문에 토크 곡선을 12V 전원에 딱 맞추고 있기 때문이죠」

여러 가지 사정이 전력배선과 부품의 이면에 있으며, 그런 속에서 설계는 항상 업데이트되고 있다. 이것이 지금의 자동차 제조방식이다.

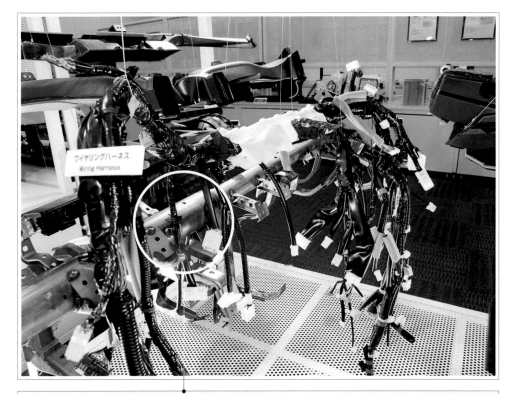

좌측 페이지의 굵은 배선 묶음을 다른 각도에서 본 모습. 원 안의 기다란 막대모양 부품이 스티어링 행어로서, 몇 개의 브래킷을 매개로 여기에 전자기기나 공조덕트(좌상에 있는 가로로 긴 유닛 2개) 등이 장착되어 있다. 좌측이 차량 전방방향이다.

다른 우측 핸들 차량의 스티어링 포스트 주변. 정확하게 운전석 전방의 도어 쪽에 정션 박스 및 ECU 소켓이 있다. 어떻게 배치를 할지는 모델에 따라 다르고, 당연히 정비 편리성도 달라진다.

녹색 부분이 프린트 배선. 구리선 일부가 알루미늄 전선으로 바뀌어도 금속과 피복으로 구성되는 것에는 변함이 없다. 극적으로 경량화하려면 이런 프린트 기판을 사용하는 수밖에 없지만, 아직 보급이 안 되어 있다.

01

Generator

전기를 생성하다

발전으로 생성되는 전기의 형태

전기는, 생성하는 만큼 즉시 사용하는 것을 전제로 한 에너지이다.
나중에 사용할 생각이라면 저장하는 일을 생각해야 한다.
저장방법은 다양한 편인데, 각각 장단점이 있다. 그런 특징들을 살펴보겠다.

본문 : 다카하시 잇페이   사진 : 보쉬/다임러/MFi

● **여명기의 자동차 전기장치**

1898년에 보쉬가 다임러로부터 의뢰를 받아 제작한, 보쉬 최초의 자동차용 자석식 저전압 점화장치가 장착된 드 디옹 부통(De Dion-Bouton) 삼륜차. 이름에서 알 수 있듯이, 자석과 코일로 이루어진 교류발전기(마그네트)로 발전한 전기를 이용해 방전을 일으키는 방식이었다.

● **점화장치의 시조**

1902년에 보쉬가 발매한 자석식 고전압 점화장치. 우측 차량에 장착된 자석식 저전압 점화장치를 개량해, 더 고전압을 얻을 수 있게 했다. 말굽형상의 자석이 바깥쪽을 에워싸고 있고, 그 안쪽에서 코일이 회전하는 식의 배치구조는 두 가지 다 똑같다.

전압 : 차의 속도

전류 : 달리는 차의 대수

● 전압과 전류 이해하기

전기의 흐름을 이해하기 위한 설명으로 물의 흐름에 비유하는 경우가 일반적이지만, 자동차가 터널 안을 달리는 모습에 비유하는 것도 가능하다. 자동차의 속도를 전압이라고 한다면, 전류는 달리는 자동차의 수, 그리고 도로 폭은 저항이다. 이 방법으로 전압과 전류, 저항 관계를 모두 표현하기는 무리이지만, 전기에는 두 가지의 다른 포착방법과 단위, 흐르는 장소에 관한 조건이 있다는 것을 기억해 두면, 전기를 이해하는 첫 걸음으로는 충분하다. 도로 폭이 넓으면 많은 자동차가 지나갈 수 있지만, 반대로 좁으면 속도는 높일수 있으나 지나갈 수 있는 자동차 대수는 제한된다. 전기도 마찬가지이다.

전기를 만드는 기술을 뒷받침하는 전자유도(電磁誘導) 현상

현재 자동차에는 모든 부분에 전기를 사용하고 있다. 이 자동차에서 소비되는 전기를 조달하는, 중요한 역할을 하는 것이 발전기이다.

사실 발전기의 역사는 자동에 있어서 중요한 의미를 갖고 있다. 100년 전 가솔린엔진을 탑재하던 자동차 여명기 때는 자동차용이라 하기 이전에 발전기 기술 자체가 발달하지 않은 상태라, 자동차에 사용되는 발전기라고 해야 가솔린엔진에 필수불가결한 점화용 전기를 공급하는 것조차도 마음대로 안 되었다.

그런 시대에 실용적인 불꽃방식 점화장치 개발에 성공한 것이 보쉬이다. 1898년, 보쉬는 다임러에서 의뢰를 받아 프랑스 제품인 드 디옹 부통(De Dion-Bouton) 삼륜차에 보쉬 최초의 자동차용 자석식 저전압 점화장치를 장착하게 된다. 이름에서도 알 수 있듯이, 자석과 코일로 이루어진 교류발전기(마그네트)로 발전한 전기를 사용해 점화 플러그에서 방전을 일으키는 방식이었다.

이런 시도가 대성공을 거둠으로서 보쉬는 1902년에 더 개량된, 고전압화를 이룬 자석식 고전압 점화장치를 상품화한다. 이것은 가솔린엔진을 탑재한 자동차가 발전해 나가는데 있어서 중요한 계기가 되었고, 자동차 역사상으로도 중요한 사건 중 하나로 받아들여지고 있다.

덧붙이자면, 이 자석식 고전압 점화장치는 발전기를 갖추고 있지만, 이것은 점화에만 사용하는 전용 발전기였다. 당시의 자동차에는 점화 외에 전기를 사용할만한 장치가 아직 보급되지 않은 상태라 축전할 필요도 없었기 때문에, 레귤레이터나 정류기도 없었다. 그 구성은 거의 코일과 자석뿐이라 해도 좋을 정도로 아주 간단했지만, 코일을 감은 로터가 자석 사이를 회전함으로서 자계 속을 빙빙 돌면서 전자유도에 의한 전기를 일으키는 방식이나, 방전에 필요한 수 만 볼트급의 고전압을, 유도코일 등을 조합한 승압장치로 만들어 내는 등, 기본적인 구성과 원리는 현대의 발전기와 거의 비슷하다.

당시 시대의 기계가 전반적으로 그렇지만, 불필요한 부분 없이 기초적인 요소로만 구성되어 있는 점이 흥미롭다. 특히 옛날부터의 말굽모양 자석이 로터를 감싸듯이 배치된 모습은 발전기기라는 것을 이해하는데 있어서 좋은 사례라 할 수 있다.

그런데, 발전기가 전자유도 원리로 전기를 만드는 것에 대해시는, 직감직으로 느껴노 이해하기 어렵지 않지만, 플러그가 필요로 하는 수 만 볼트급의 고전압을 발생시키는 구조는 약간 어려운 요소를 갖고 있다.

점화라고 하면, 철심을 같이 쓰는 1차 측과 2차 측 2개의 코일을 이용해 승압시키는 식의 원리를 떠올릴지 모르지만, 실은 이것만으로는 수 만 볼트급의 전압까지는 그리 간단히 도달하지 못한다.

코일 2차 측에서 수 만 볼트급의 전압을 얻기 위해서는 1차 측에서 수 백 볼트 이상의 전압이 필요하다. 발전기에서 발생하는 전압은 기껏해야 수 십 볼트에 불과하고, 거기서 전기가 흐르고 있는 코일의 스위치를 끊는 순간에 발생하는 역기전력을 이용하는 것이다. 조금

더 설명하자면, 코일은 전기를 흘리면 스위치를 끊어도 전기가 계속해서 흐르려는 성질이 있어서, 스위치를 끊으면 갈 곳을 잃은 전기의 전압이 상승하는 현상을 일으킨다. 이것을 잘 이용하는 것이다.

1차 측 코일에 전기가 흐르는 상태에서 스위치(이 경우 점화용 포인트)를 오프시키면, 순간적으로 수 백 볼트의 전압이 발생한다. 이 전압이 2차 측 코일에서 승압되면서 수 만 볼트급의 전압으로 바뀌어 스파크 플러그 간극 부분에서 방전을 일으킨다. 접점이 닫힌 상태에서 1차 측 코일로 발전기에서 발생한 전기가 흐르는 상태에서는 스파크 플러그 간극 부분의 회로가 열린(오프 상태) 상태가 되기 때문에, 간극 부분에서 방전을 일으키는 수 만 볼트급의 전압이 될 때까지는 전기가 흐르지 않는다.

여기까지 언급한 원리는, 현재의 자동차에도 많은 부분에서 통용되는 기술이다. 이렇게 말하면 자동차 기술이라는 것이 현재에 이르기까지 진보하지 않은 것처럼 들릴지도 모른다. 전자기학이라는 기초적인 부분에서 말하자면 그럴지도 모른다. 그러나 전기를 둘러싼 자동차의 환경은 시대의 변화와 함께 급속하게 바뀌고 있다. 주요 요인은 전동화의 파도이다. 그렇긴 하지만, 100년 전의 여명기에도 전기 자동차와 가솔린 자동차가 패권을 다투던 역사가 있었다는 사실을 감안하면, 왜 지금인가라는 의문이 떠오르는 것도 사실이다. 물론 거기에는 이유가 있다. 기초적인 것까지 살펴가면서 살펴보도록 하겠다.

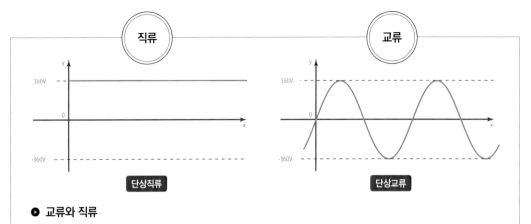

직류

교류

단상직류

단상교류

● 교류와 직류

(+)와 (−)의 극성이 바뀌지 않고, 언제나 똑같은 방향으로 흐르는 전기가 직류(Direct Current)이다. 그리고 극성이 계속해서 바뀌는 전기가 교류 (Alternating Current)이다. 자동차의 전기계통에는 이 두 가지 형태의 전기가 다 존재한다. 축전지에서 들어왔다 나갔다 하는 전기는 직류, 교류 발전기에서는 교류가 만들어진다. 이해를 위한 중요한 사항은, 교류 전기는 그 상태 그대로 축전할 수 없다는 점이다.

스테이터

로터

레귤레이터

정류기

풀리

● 교류발전기

교류 전기를 만드는 교류발전기(Alternator). 엔진 동력에 의해 회전하는 전자석 주위를 둘러싼 코일(Stator)에서 교류 전기를 추려낸다. 추려진 교류 전기는 배면에 배치된 정류회로 (Rectifier)로 유도된 다음, (+)와 (−)의 극성을 한 방향으로 갖게 함으로서(정류) 직류로 변환시킨다. 배선이 접속된 단자에서의 출력은 직류이다.

● 각단면(角斷面) 권선

100A 이하였던 시대에는 출력을 높이기 위한 방법으로, 권선 수를 늘린 코일을 대형화하고 한편으로 냉각화도 강구하였다. 단번에 100A를 초과하는 성능을 갖게 된 하나의 원인은 각단면 구조를 한 권선이다. 코일로 했을 때의 둥근 단면에 비해 각단면은 권선밀도를 높일 수 있다는 점이 장점이다.

전기를 생성하는 방식

교류발전기 와 직류발전기

교류발전기는 교류를 만들고 직류발전기는 직류를 발생시키지만,
사실 구조와 원리는 둘 다 거의 비슷하다.
큰 차이는 생성된 전기를 어떻게 끄집어내느냐 하는 부분이다.
본문 : 다카하시 잇페이   사진 : 보쉬/MFi

필드 코일(스테이터)

피동축

출력단자

브러시

정류자

아마추어(로터)

◉ 직류발전기

현재는 거의 찾아볼 수 없게 된, 직류를 생성하는 발전기. 사진은 1913년 보쉬 제품. 로터를 감싸듯이 검은 테이프로 감겨진 것이 전자석(여자 코일)으로, 로터가 회전하면 거기에 감겨진 코일에 전기가 발생한다. 로터 후단에 장착된 정류자와 브러시를 통해 전기를 추출할 때의 극성이 미리 갖춰지기 때문에 따로 정류할 필요는 없지만, 브러시의 마모나 접점 단속에 의한 손실이라는 문제가 있다.

◉ 시동 모터

직류 전기로 작동하는 시동 모터의 구조는, 직류 발전기와 거의 비슷하다. 코일이 감겨진 로터에는 정류자(Commutator)와 브러시가 장착되어 있다. 외부 힘에 의해 회전하면 전기를 만드는 것도 가능하다. 실제로 그 원리를 응용해 (셀프)시동 모터와 직류발전기를 겸용한 「셀프 직류기」라는 것도 있어서 과거에는 폭넓게 사용되었다.

차이는 교류에서 직류로의 변환 방법 뿐

현재, 자동차에 사용하고 있는 발전기는 알터네이터(Alternator)라고 하는 교류 발전기가 거의 대부분이라고 해도 무방하지만, 예전에는 직류 발전기를 많이 사용하면서 「다이나모(Dynamo)」라는 이름으로, 교류발전기와 구별했다. 이 교류기와 직류기, 무엇이 들린가 하면, 그 구조와 작동되는 원리에는 거의 차이가 없다. 유일한 차이점이라면 코일에서 발생한 교류에서 직류로 바뀌는 방법이다.

교류기에서는 코일에서 발생한 교류를 일단 추출해 내장되어 있는 정류기(Rectifier)로 유도한 다음 직류로 변환한다. 정류기는 반도체로 구성된 전자회로로서, 접점 등과 같은 기계적 요소가 전혀 없는 것이 특징이다.

그에 반해 직류기는 로터에 감긴 코일로부터 발생하는 전기를 추출하는 단계에서 정류자(Commutator)와 브러시로 이루어진 접점을 절환해 극성을 항상 일정하게 유지시킴으로서 직류 전기를 추출한다. 언뜻 보기에 처음부터 직류 형태로 전기가 발생하는 것 같지만, 실은

정류자와 브러시가 접점을 절환해 직류로 변환시키는 「기계식 정류기」로서, 로터에 감겨진 코일 부분은 교류기와 마찬가지로 교류전기가 발생한다.

사용하는 쪽에서 보면, 교류의 존재가 전혀 안 보이는 직류기는 교류기와 선혀 다른 것으로 취급받고 있지만, 그 차이는 정류기가 반도체나 기계(접점) 어느 쪽으로 구성되어 있느냐 뿐이다. 회전운동하는 자계(磁界) 안을 코일이, 혹은 고정된 자계 안을 코일이 회전함으로서 연속적으로 교류 전기를 발생시킨다는, 가장 중요한 기본원리는 같다.

그리고 회전운동을 이용해 반복되는 일련의 발전 사이클이야말로 사실은 교류의 정체라고 할 만한 것으로서, 교류 전기가 그대로는 축전을 못하는 이유이기도 하다. 정적인 상태로 전기를 저장하는 축전지에는, 동적요소를 가진 교류는 축전할 수 없다.

자동차의 전압은 왜 **12V**일까

하나의 셀에서 2V의, 비교적 높은 전압을 만들어 내는 납축전지는 초기 자동차에 있어서 가장 궁합이 잘 맞는 전지로 보급되었다. 당초에는 3개의 셀로 구성되는 6V가 주류였지만, 자동차 안에서 가장 큰 전력을 소비하는 시동 모터에 맞추는 형태로, 6V의 셀 수를 배로 한 12V 축전지가 등장한다. 이런 흐름이 현재도 계속되고 있는데, 큰 전력을 소비하는 전동부품이 늘어나는 현재, 12V 전압을 승압하려는 움직임도 나타나고 있다.

제어식 정류기

교류발전기 코일에서 발생한 교류 전기의 극성을 한 방향으로 만들어 직류로 변환하는 것이 제어식 정류기(Regulated Rectifier)의 역할이다. 이름 그대로, 발생전압을 축전지 충전전압인 14V로 제한(regulate)하는 역할도 한다. 대개는 교류발전기에 내장되며, 사진처럼 풀리 반대쪽에 배치하는 경우가 많다. 근래에는 스테이터의 여자전류를 제어해 자력의 강도를 바꿈으로서 발생전압을 제어하는 「레귤레이터가 없는」형식도 있다.

● 직류화 방식

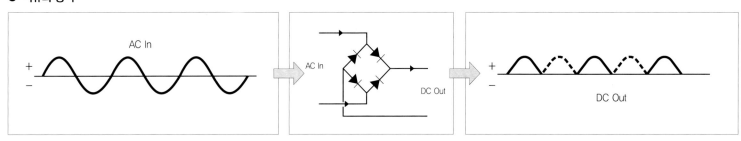

(+)와 (−) 전기가 계속해서 교대로 바뀌는 교류 극성 전기를, 한 방향으로만 흐르게 하여 직류로 만드는데 가장 중요한 역할을 하는 것이, 전기를 한 방향으로만 흐르게 하는 성질을 가진 다이오드라고 하는 전자부품이다. 다이오드를 통해 한 방향에서만 전기 흐름을 추출하면, 오른쪽 같이 교류가 그리는 사인파의 상단 반을 잘라낸 형상이 된다. 여기서

는 물결 사이에 간격이 만들어진 상태지만, 가운데 그림처럼 다이오드를 사용하면 사인파의 하단 반을 위로 접어올린 상태(점선파형)가 되어 위쪽 물결을 연속하게 만들 수 있다. 그런 다음에 콘덴서를 사용해 물결을 평평하게 하는 식으로 하면 거의 완전한 직류가 만들어진다.

● 기계식 레귤레이터

반도체식 레귤레이터가 등장하기 이전에 널리 사용되었던, 전자 솔레노이드로 작동하는 스위치를 이용해 전압을 제한하던 장치이다. 전압이 14V를 넘으면 스위치가 작동해 발전을 차단한다.

● 셀레늄 정류기

실리콘 반도체인 다이오드가 보급되기 이전에 주류를 이루던 부품이다. 같은 반도체지만 소재로 셀레늄을 사용했기 때문에, 다이오드와 비교하면 상당히 큰 편이다. 전기를 한 방향으로만 흐르는 역할은 똑같다.

● 제어식 정류기

한 방향으로만 전기를 흘리는 다이오드의 성질을 이용해 극성을 같게 하는 회로. 자동차용 전장은 물론이고, 세상에서 가장 많이 이용되는 직류 변환용 회로 가운데 하나이다.

교류와 직류를 구분해서 사용하다

| 인버터 | 와 | 정류기(Rectifier) |

지금까지는 교류발전기에서 발생한 전기를 포함해, 모든 것을 정류기에서 직류로 만드는 것이 기본이었지만,
근래에는 전동기술의 도입과 더불어 교류도 적극적으로 사용하게 되었다. 여기에 필요한 것이 인버터(Inverter)이다.

본문 : 다카하시 잇페이   사진 : 보쉬 / 도요타 / MFi

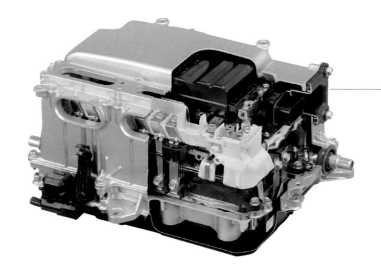

인버터(Inverter)

배터리에 축전할 수 없는 교류를, 직류전원을 이용하여 만들어 낸다. 직류를 자동차용 구동모터에 사용되는 3상교류(임의의 주파수와 출력의 교류)로 만드는 것이 가능하다. 그 핵심이 되는 것이 IGBT(Insulated Gate Bipolar Transistor)라는 대전력 대응형 파워 트랜지스터이다. 3개의 전극을 가진 3상교류에서는 각각을 담당하는 3개의 IRGT를 이용한다. 직류를 교류기에서 발생하는 교류로「역변환(Invert)」시킨다는 의미로 이렇게 부른다.

● 전류의 방향전환

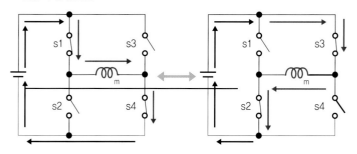

이것은 인버터의 기본회로를 한 상(相)으로만 나타낸 것이다. 좌우 그림의 중앙 우측에 그려진 나선 모양의 기호가 모터를 나타낸다. 회로좌측의 전지 방향은 그대로(긴 선으로 표시된 위쪽이 (+)극) 둔 상태에서, 스위치만 전환해 모터를 흐르는 전류 방향을 반전시키고 있음을 알 수 있다.

● 교류파형의 생성

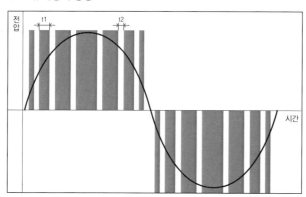

IGBT 등과 같은 트랜지스터는 기본적으로 전압을 변환하는 동작을 하지 못 한다. 그래서 널리 이용하는 것이, 물결 높이를 통전시간으로 치환해 등가(똑같이)로 간주하는 것이다. 파형이 사인(sin)파와 다르기 때문에「유사파형」이라고도 부른다.

● 3상교류 모터 인버터의 작동원리

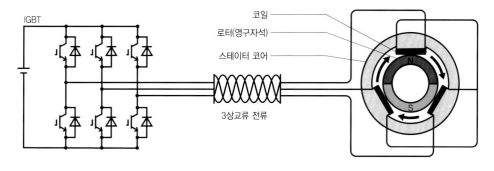

3상교류 모터는 사인파를 그리는 교류를 코일에 가함으로서 연속적으로 자계를 회전시켜, 로터에 들어가 있는 마그네트와의 작용을 이용해 회전력을 얻는 식이다. 회전속도는 사인파 주파수와 동기(同期)하는 형식으로 비례하기 때문에, 생성하는 교류주파수에 의해 회전속도도 제어가 가능하다.

예전에는 대부분을 기계적 요소로 조달

예전에는 자동차에서 소비하는 거의 모든 전기가 직류였지만, 근래의 하이브리드 차의 구동용 모터나 전동 동력 조향 등, 대출력 모터를 사용하게 되면서 상황이 크게 변화하고 있다.

그도 그럴 것이 대출력 모터의 거의 전부가 교류를 필요로 하기 때문이다. 전에는 전혀 없었던 교류전기의 수요가 나타나면서 증가경향이 계속되고 있다.

교류를 사용한다면, 교류발전기에서 발생한 교류 전기를 그대로 사용하면 되지 않느냐는, 간단한 이야기는 아니다. 하이브리드 차 구동용 모터이든, 전동 동력 조향용 모터이든, 근래 사용되는 모터는 기본적으로 세밀한 제어를 필요로 하는 것이 많다. 그리고 세밀한 제어가 필요한 용도에 가장 적합한 것은 교류(AC)모터이다.

게다가 이러한 교류모터 제어에 주로 이용하는 것은, 교류의 극성이 바뀌는 주기를 제어하는「주파수 제어」이다. 교류발전기에서 발생한 교류 주파수를 직접 변환하는 식의 궁합이 잘 맞는 방법은 현재까지 존재하지 않는다.

그래서 모터 제너레이터를 포함한 교류발전기에서 발전한 전기를 직류로 변환해 축전지에 축전하는 방법을 현재도 계속 사용하고 있는 것이다.

그래서 필요하게 된 것이 인버터라고 하는, 직류를 교류로 변환하는 장치이다. 다만, 직류에서 교류로 변환하는 것은 그렇게 말처럼 간단하지 않다. 하물며 모터 등과 같이 세밀한 제어가 목적이라면 더욱 그렇다.

교류에서 직류로 변환(정류)할 때는, 앞 항목에서도 언급했듯이 기계적 요소로도 가능하지만, 직류에서 임의의 주파수를 가진 교류를 만들어내는 인버터를 기계로 대체하지는 못 한다. IGBT라고 하는 파워 트랜지스터 기술이 있어야 비로소 가능하다. 이것은 근래의 전동화 기술에 있어서 없어서는 안 될 중요한 요소이다.

Harness

전기를 흐르게 한다

얼마나 짧게, 휘지 않고, 효율적으로 전기를 흐르게 하냐는 문제

엄밀하게 말하면, 발전원에서 부하에 이르기까지의 전기는 똑같지 않다.
배선을 지나는 동안에 전압은 떨어지게 되고, 길이가 길어지면 조건은 더욱 엄격해진다.
전기장치가 많은 현대차. 한정된 전기의 힘을 얼마나 낭비 없이 사용할까.

본문 : MFi   사진 : 델파이 / 도요타 / MFi

가볍게 보이기 쉽지만, 상당히 중요한 부품

현재 전기를 보내기 위한 배선의 재질은 구리(銅)가 주류이다. 그리고 많은 전기장치는 직류를 이용하기 때문에 +쪽을 배선으로 쓰고, -쪽은 차체에 접지시키고 있다. 강제(鋼製)인 차체를 부하로부터의 집중화 배선으로 삼아 효율적으로 이용하는 것이다.

직류는 교류에 비해 송전효율이 떨어지기 때문에 배선이 길어질수록 전압이 낮아진다. 따라서 가능한 직선으로 짧게 접속하는 것이 좋다. 단자와 커플러 종류도 저항값을 증가시키는 요인이기 때문에, 가능하면 조금만 사용하는 것이 좋다. 그러나 자동차의 각종 부하는 차 안 여기저기에 배치되어 있어서 직선으로 짧게 배선하는 것은 불가능하다. 그리고 주행 중에는 항상 진동에 노출된다. 따라서 효율은 뛰어나지만 곡률이 떨어지는 단선이 아니라, 유연성까지 좋은 꼬임 구조의 도선을 이용한다.

나아가 피복구조에도 연구가 필요하다. 자동차의 시스템 전압이 12V이고, 고기능 · 고부하가 진행되면서 고전류가 요구되면 도선의 단면적도 증가, 즉 굵어진다. 한, 두 개를 충분한 공간 안에서 지나가게 하면 문제는 없지만, 전동화가 현저히 진행되는 요즈음에는 도선 수도 증가할 수밖에 없다. 엔진 룸을 지나가야 한다면 내열성도 필요하다. 대전류에 견딜 수 있어야 할 뿐만 아니라 피복선도 얇아져야 하는 것이다.

한편으로, 구동용 전기모터로 대표되는 고전압 장치에는 교류를 이용한다. 아는 바와 같이, 오렌지색 피복으로 감싸인 배선다발이다. 이 배선들은 당연하지만 차체 접지를 이용하지 않으며, 확실한 누전대책과 함께 회로를 설계/배선하고 있다.

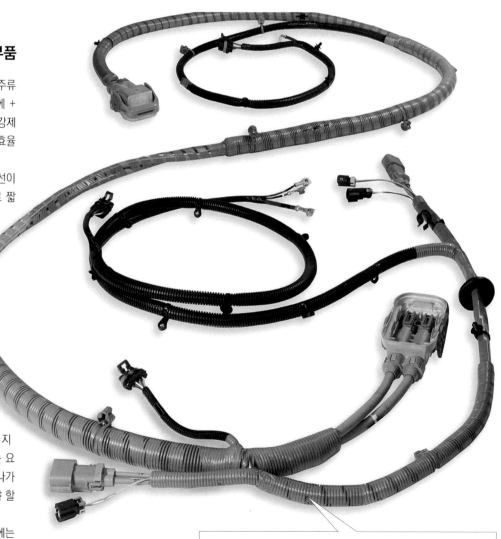

● 확실하게 전기를 흘리면서, 얇고 부드럽게
차량 안에 뻗어 있는 도선 수와 양은 상당히 많다. 심지어 고전압 교류를 사용하는 HEV/EV 정도 되면, 사진 같은 케이블이 더 추가된다. 공간을 절약하면서 대전류를 소화하고, 부드럽게 차 안을 뻗어나가는 것이 이상적이다.

● 전선에 이용하는 각종 재료의 특질과 중량내역

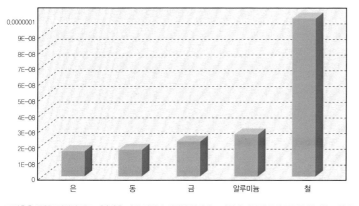

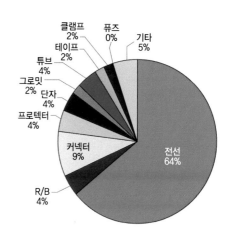

도전율을 동일조건에서 비교. 은(銀)은 가장 뛰어난 성질이 있지만 고가이기 때문에 동이 주류를 차지하고 있다. 금은 산화를 비롯한 부식에 강하다는 장점과 부드럽기 때문에 단자에 사용하는 경우가 많다. 한 번 꽂으면 재사용은 안 되는 단자도 있는 것 같다. 그리고 도전율에서는 약간 뒤지지만 압도적으로 가벼운 알루미늄이 눈길을 끈다. 철은 도전율은 불리하지만, 차체 접지와 같은 경우는 면적이 크기 때문에 문제가 되지 않는다.

배선 구성부품을 중량으로 보면 배선이 압도적으로 중량을 차지한다. 차량 전체로 보면 많게는 수 십 kg이 넘는다. 이것을 대략 3분의 1쯤 되는 알루미늄으로 바꾸면 무게를 크게 줄일 수 있다. 도전율이 낮은 것은 굵게 해서 해결하면 된다. 인장강도가 약해서 기술혁신이 필요했지만 이미 실용화되어 있다.

● 3상교류와 배선

HEV/EV의 구동용 모터는 3상교류를 이용하는 동기 전동기이다. 자동차 운전 중에는 항상 모터의 회전속도가 변동하기 때문에, 변속이 쉬운 이 방법이 주류를 이루고 있다. 구동용 축전지를 포함해 고전압이기 때문에, 종래의 12V 시스템 전압과는 전혀 다른 계통으로 배선을 깔 필요가 있다. 사고가 났을 경우를 포함해 누전대책에 있어서는 만전을 기하고 있다.

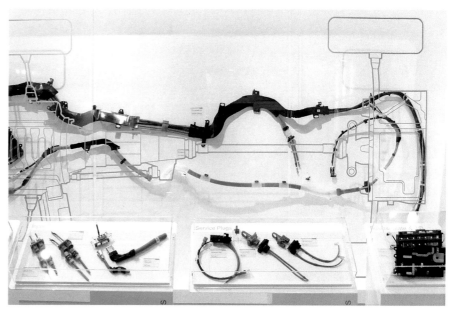

● 인체에 위험한 감전이란?

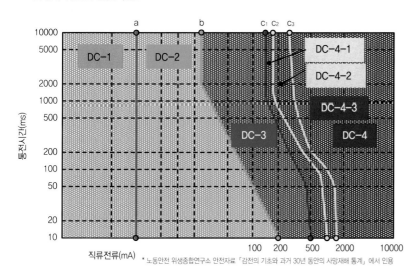

* 노동안전 위생종합연구소 안전자료 「감전의 기초와 과거 30년 동안의 사망재해 통계」에서 인용

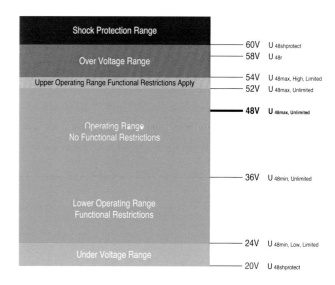

인체에 위험한 것은 전압이 아니라 전류의 양(量)이다. 다시 말하면 전류값이 높을수록 위험도가 증가한다. 직류전원에 대한 인체의 영향은, 2mA까지의 DC-1 구역에서는 통상 반응이 없다. DC-2 구역에서도 통상 유해한 생리적 영향은 없다. 그러나 DC-3 구역에서는 근육경련이나 호흡곤란이 발생할 가능성이, DC-4 구역에서는 심장박동 정지, 호흡정지 등의 가능성이 있다는 데이터이다. 통전시간이 길수록 위험이 증가하는 것도 알 수 있을 것이다.

한편으로, 고전압에 대한 대책. 유럽 각 회사가 급속하게 사용을 검토 중인 48V화 전략자료에서 인용한 데이터이다. 60V를 초과하는 직류전압에는 누전에 대비해 확실한 직접접속 확보가 요구된다. 전력이 일정하다면 전압을 높이면 전류는 작아지지만, 누전의 경우는 고전압은 즉, 많은 전류를 흐르게하는 원인이 되기 때문이다. 덧붙이자면, 교류는 25V 이하로 제한되므로 위험성은 교류 쪽이 더 심하다.

Devices

전기의 사용

확실하고 낭비 없이 전기를 이용하다

오늘날 자동차에서 전기로 움직이지 않는 장비가 무엇이 있을까 하고 생각하면,
좀처럼 즉시 생각나는 것이 없을 정도로 전동화의 진행이 현저하다.
전원이 무궁무진하지 않은 상태에서, 얼마나 이 장치들을 잘 활용할 수 있을까.

본문 : MFi   수치 : 폭스바겐 / 볼보 / 도요타 / MFi

○ 안전을 위한 상시 감시

근래에 액티브/패시브 안전기능 사용이
진행되면서, 각종 장치를 위한 전원확보
는 자동차를 움직이는 근간인 전원과 함
께, 상당히 중요한 주제이다. 중요한 시
점에서 움직이지 않았다가는 낭패이기
때문이다.

○ 회생이라는 회수 방법

제동 에너지를 리튬이온전지 등의 축전
장치에 전기 에너지로 변환해 축적하는
회생은, 어느새 특별한 자동차에 장착되
는 장치가 아니라 완전히 일반화되었다.
한정된 전원을 보완하는 방법으로, 앞으
로도 계속 진화해 나갈 것이다.

모든 장치가 전기로 움직이는 시대에, 어떻게 수급 균형을 맞출 수 있을까

자동차의 여명기 때, 전기를 사용하는 장치로는 점화
플러그뿐이었다. 보조기기로는 점화 플러그에 불꽃을
발생시키기 위한 점화장치 정도로, 경적이나 램프 종
류, 훗날 필요해진 방향지시기 등도 기계식이었다. 공
조나 시동장치는 물론이고 음향이나 냉방 등의 등장은
그로부터 훨씬 뒤에 등장한 장치들이다.

그런 점에서 생각하면 현대의 자동차는, 생성한 전기
를 사용한다는 관점에서 보면, 모든 장치가 전기에 의해
작동하고 있는 셈이다. 자동차 엔진은 660cc부터 7ℓ
이상까지 그 범위가 상당히 폭넓고, 발휘하는 토크도 몇
배에 이를 만큼 큰 차이가 있지만, 각종 전기부하에는

자동차의 대소에 따른 차이가 비교적 적다. 소형차 전조
등과 미국형 V8 같은 대배기량의 전조등은 소비전력에
큰 차이가 없으며, 경자동차와 미니밴의 에어컨 능력에
는 엔진처럼 큰 격차가 없다. 굳이 언급한다면, 차종에
의존하는 전동 동력 조향장치의 소비전력 정도로서, 그
외는 단순히 얼마 정도 양의 전기부하를 장비하고 있느
냐는, 덧셈적인 이론이다.

그리고 발전기 효율이 좋아지고, 더불어 축전장치로
서의 납 축전지 성능도 향상되었는데, 나아가 근래에는
낭비적인 발전을 억제하는 경향이다. 바로 충전제어이
다. 종래의 납 축전지는 최대로 충전하는 것이 당연시

여겨졌다. 엔진이 작동하는 동안은 같이 작동하는 교류
발전기가 항상 발전을 했었기 때문이다. 그러나 공전시
키는 것만으로도 상당한 토크가 필요한 교류발전기에
있어서, 발전 작업을 할 때의 무게는 미루어 짐작이 간
다. 게다가 충전한 전기를 축전하는 곳은 이미 가득차
서, 잉여분으로 버려지는 상태이다. 한 방울의 연료라
도 아끼려는 엔지니어에게 있어서는 당연히 구분해야
할 대상이다. 이렇게 해서 교류발전기는 납 축전지를
살리든 죽이든 감시 하에 두고, 필요 최소한의 작동에
머무르게 된다.

상류에서 자원이 제한되면, 하류의 각종 장치들은 당

연히 전력을 줄일 수밖에 없다. 자동차의 쾌적성과 편리성을 늘리고, 상품성을 높이기 위해 대부분의 장비는 전동화가 진행되는 한편으로, 아이들링 스톱이라고 하는, 그렇지 않아도 한정된 에너지를 단숨에 줄여버리는 자객까지 등장하면서, 맘껏 전기를 사용하던 시대에 비해 에너지 절약 설계는 운명적이라고도 할 수 있다. 근래, 고가 차량에 사용하기 시작된 LED 전조등은 그런 한 예로서, 필라멘트 전구 기준으로 60~80W 정도를 상시 필요로 하는 전조등은, 이제 동등한 광속(빛의 다발)을 확보하면서도 소비전력을 억제시킨 HID나 LED로 대체되고 있다. 차폭등이나 제동등은 완전히 LED로 바뀐 것 같다.

○ **하이브리드=혼합이라는 의미**
종래의 12V 시스템 전압에 더해, 구동용 모터를 위한 고전압 축전지를 장착한 HEV/EV는 별도 계통으로 회로를 구축하고 있다. 무겁고 부피가 큰 축전지를 어디에 장착할 것인지를 연구해야 할 때이다.

능동/수동 안전에 대한 대응도, 현대 자동차의 특징이다. ABS/ESC, 충돌 안전 시스템, 에어백이나 시트벨트의 프리텐셔너 등은, 만약의 상황에서 전원이 들어오지 않아 작동하지 않았을 때는 당연히 낭패이다. 지금에야 많은 자동차에 충돌경감 브레이크를 실현하기 위한 카메라/센서 종류가 갖추어져 있는데, 이것들도 전력을 많이 소비하는 요인 중 하나이다. 예전 자동차에는 없었던 범주의 전장품이다.

확대를 계속하는 전력에 맞춰, 전원을 크게 하려는 시도도 나타나고 있다. 별도 항목으로 소개할 48V 전략은 바로 그런 관점에서의 접근법으로서, 요구 중 하나는 극한의 땅에서 급속전열기 대책이 되기 때문인 것 같다. 큰 전력을 필요로 하는 것은 전동 동력 조향장치나 에어컨 시스템인데, 이것들은 작동 시에 순간적으로 대전류가 흐른다. 수 백 볼트의 구동용 축전지를 갖춘 HEV에서는, 에어컨 압축기 구동을 축전지가 담당하는 경우도 있다.

이 정도로 전장품을 공급하는 발전기를 갖는다고 한다면, 감속 에너지를 그냥 열로 변환해 버리는 것은 비효율적이지 아닐 수 없다. 사용하는 것뿐만 아니라, 적극적으로 회생하는 자동차도 증가하기 시작하고 있다. 그러기 위해 충전 용이성을 높이는 것이 근래에 각종 축전장치가 보이는 경향성이다.

○ **이미 자동차는 전기장치**
차 안을 장착된 배선다발을 바라보면, 전장품이 차 안 구석구석에 뻗어 있는 것을 알 수 있다. 배선 배치도 효율적으로, 또 단락 위험성은 최대한 피할 수 있도록, 그리고 가능한 단자 수를 줄일 수 있도록 배치하면 좋을 것이다.

우 : 가솔린엔진에는 필수적인 장치

불꽃을 발생시키는 직접적인 장치는 점화 플러그이다. 전극 사이로 고전압을 흘려 절연체인 혼합기를 연소시킨다. 하지만 축전지로부터 공급되는 12V 전압으로는 혼합기에 불이 붙지 않는다. 2만 볼트 이상으로 승압하는 중간 장치가 필요하다.

하 : 고압을 만들어내는 구조

축전지 전기는 점화 코일 내 1차코일로 흘러간다. 접점(Contact Breaker)이 엔진회전에 의해 단속되면, 전위차가 발생해 전자유도에 의한 고전압이 권수가 많은 2차코일에 발생한다. 콘덴서를 통해 공진주파수를 조정해 플러그로 보낸다.

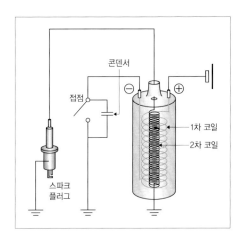

좌 : 개자형(開磁型) 코일

점화 코일의 원초적인 형태. 철심을 중심에 배치하고, 그 주위를 권선(코일)이 감싸고 있다. 주위는 케이스로만 덮여 있을 뿐으로, 코일에 발생한 자속은 공기 속으로 새어 자속끼리 간섭하기 때문에 승압장치로서는 효율이 나쁘다.

우 : 폐자형(閉磁型) 코일

코일 주위를 자성체로 덮고, 그곳을 자속이 흐르도록 한 형식이다. 개자형에서 발생한 2차 전압을 높이려면 권수를 늘릴 수밖에 없어서 커지게 된다. 폐자형은 자성체에 집중해 전기가 통하기 때문에, 권선을 늘리지 않고 대전압을 유도할 수 있다. 현재는 모두 이 형식이다.

직접 점화

코일에서 승압된 전기는 배전기를 통해 각 기통에 배분되는데, 회전부품이나 전기접점 등이 쉽게 소모되어 불안정하기 때문에 무접점화가 진행되었다. 오늘날에는 배전기능뿐만 아니라 코일까지 집약해 기통 별로 배치한 시스템을 사용하고 있다.

KEYWORD : 1 이그니션(Ignition)

점 화

가솔린 자동차에서 전기 사이클의 시초는 플러그에 대한 점화 때문이었다.
엔진 시동이 걸림으로서 비로소 발전도 가능해진다.

우리들이 극히 일반적으로 익숙해져 있는 가솔린엔진의 근원적인 작동원리는 불꽃점화이다. 어떠한 형태로든 실린더 내의 혼합기에 점화하지 않으면 엔진은 작동하지 않는다. 당초에는 자석식 발전기를 직접 점화에 사용해, 축전지를 개입시키지 않는 꼼꼼한 시스템이었다. 하지만 발전력이 회전속도에 의해 좌우되는 결점이 있었기 때문에, 축전지와 코일을 사용한 안정적인 시스템으로 이행하는 동시에 셀프모터(Self Moter)가 시동장치로 등장했다. 기본적인 구조는 20세기 초기와 거의 바뀌지 않았지만, 강력한 불꽃을 만들기 위한 기술은 확실히 하루가 다르게 진화하고 있다.

LED

발광 다이오드

전압을 가하면 발광하는 반도체를 사용한다. 무접점이기 때문에 수명이 길고, 효율이 높아서 소비전력이 적다. 조도에서는 HID를 앞서지 못하지만, 광원을 많이 사용해 광량을 확보함으로서 자동차의 전조등에 사용하는 사례가 많아졌다.

HID

고휘도 방전램프

기본원리는 형광등과 마찬가지인 전극 간 방전이지만, 고전압을 사용하기 때문에 형광등보다 압도적으로 휘도가 높다. 승압장치와 전압안정장치가 필요해서 안정된 발광까지는 시간이 걸린다. 방전램프 또는 크세논 램프하고도 한다.

Halogen

할로겐 램프

원리는 백열전구와 똑같이 필라멘트에 전기를 보내 발광원으로 삼는다. 전구 내에 불활성(할로겐) 가스를 봉입함으로서 필라멘트의 증발을 억제해, 휘도가 높아지고 수명이 길어진다. 가격적인 면에서 저가 차량에는 아직도 주류를 이루고 있다.

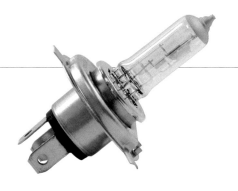

| KEYWORD : 2 | **라이트** |

등화장치

점화 시스템을 통해 엔진에서 연소가 진행되는 자동차는 도로를 달리기 시작한다. 그 다음의 전기 사용은 야간주행이나 악천후 상황에서 노면을 비추는 것이다.

자동차의 전기라고 했을 때 가장 쉽게 연상하는 것은 램프 종류일 것이다. 보통 생활에서도 전기를 사용하는 주목적은 불을 켜는 일일 것이다. 자동차에는 전조등뿐만 아니라, 방향지시등이나 제동등, 실내등 등 다양한 램프 종류가 사용된다. 현재는 백라이트를 사용하는 카 내비게이션이나 계기 등도 넓은 의미에서의 램프라고 할 수 있을 것이다. 하지만 자동차의 램프라고 하면, 역시 전조등일 것이다. 전조등은 연료를 연소하는 방식에서 전기램프로 바뀌고 난 이후, 오랫동안 백열전구를 광원으로 사용하다가 21세기에 들어와 새로운 등화장치 시스템이 보급되기 시작했다. 그 요인은 수명이 길다는 것과 전력의 절약 때문이다.

사판식(斜板式) A/C 압축기

자동차용 에어컨은 가정용보다 급속냉각을 필요로 하기 때문에, 뛰어난 압축능력이 요구된다. 사판식은 균형 잡힌 소형화와 능력으로 자동차용으로는 주류로서, 부하에 의한 출력변화에도 쉽게 대응한다. 구동 손실을 줄이기에 적합하다.

좌 : 마그네트 클러치에 의한 단속

에어컨과 관련해서 전력을 소비하는 최대 부분이 압축기의 단속에 사용되는 전자 클러치이다. 10A 이상의 큰 입력 전류가 필요하다. 엔진 부하를 줄이기 위해 ON/OFF를 반복할 만큼 전기를 소비한다.

중 : 고전압으로 작동하는 압축기

엔진이 없는 EV는 물론, HEV에서도 압축기를 엔진 동력이 아니라 모터로 구동한다. 3kW 대전력이 필요하기 때문에 통상적인 12V가 아니라, 모터용 고전압 회로를 이용한다.

우 : HVAC 유닛과 송풍기

증발기와 히터 코어, 송풍기가 하나가 된 실내 유닛. 송풍기는 상시 운전되기 때문에 전력을 소비한다. EV에서는 히터에 전열온수기를 사용하기 때문에 축전지 부하가 극단적으로 높다.

KEYWORD : 3 **공기조화**

쾌 적

일본의 AT 보급률이 90%라면, 에어컨 보급률은 100%이다.
가정용 가전기기 가운데 에어컨은 전기를 많이 소비하는 주범이다.

에어컨(쿨러)의 작동원리를 간단하게 설명하면, 냉매를 압축해 액화한 다음, 그것을 한 번에 방출해 기화시킬 때의 잠열(潛熱)효과를 이용해 온도를 낮추는 것이다. 주요기기인 압축기(Compressor)는 엔진출력에 의해 벨트로 구동된다. 즉, 냉각기구 자체에는 전기를 사용하지 않는다. 하지만 실제로는, 카 에어컨은 많은 전기에너지를 소비한다. 압축기 구동에 사용되는 엔진출력의 손실을 줄이고 송풍을 위해서 전기에너지를 소비한다. 또한 EV에서는 압축기 구동과 난방용 열원을 전기에 의존하게 된다. 인간이 쾌적하게 지내기 위해서는 에너지를 소비한다.

보조기기의 전동화

사진 앞쪽의 에어컨용 압축기나 물펌프 등과 같은 보조기기는 엔진의 구동력을 소비할 뿐만 아니라, 엔진과 엔진룸 설계에 방해가 되기도 한다. 전동화가 이루어지면 에너지 절약과 공간 확보가 실현된다. 사진 속 물건은 전동식 물펌프.

전동 동력 조향장치

유압 시스템을 대신해 동력 조향장치의 주류가 된 EPS는 조향 계통을 설계하는데 비약적인 유연성을 가져다주었지만, 정지 상태에서 핸들을 조작할 때는 수 백 와트나 되는, 12V계에서는 버거운 전력을 소비한다.

좌 : 전동 캠 위상가변기구

종래의 유압제어에 의한 엔진출력 손실을 해소할 뿐만 아니라, 스태핑 모터를 사용함으로서 더 치밀하고 신속한 제어가 가능해진다. 더 소형화하고 가격을 낮추면 표준장비 부품이 될 날도 멀지 않다.

우 : 구동용 동기 모터

자동차의 전동화 중에서 가장 눈에 띄는 부품은 이것이다. 보조기기 제어와 달리, 단위가 큰 전력과 회전속도 그리고 변압과 주파수 제어 등, 자동차 전장품의 개념을 뒤엎는 스케일이다. 자동차에 본격적인 교류전력을 적용시킨 장본인이기도 하다.

KEYWORD : 4
모터화

힘의 증폭

기존에 인력이나 엔진 구동력을 이용했던 분야에도 전동화가 진행되고 있다. 제어 용이성과 경량화를 위해서이다.

자동차는 추진력 이외의 동력도 엔진에 의존해 왔다. 힘의 원천인 엔진을 탑재하고 있기 때문에 당연한 사실이다. 그것을 하지 못할 경우에는 사람의 힘을 유압으로 증폭시키는 수단도 사용해 왔다. 하지만, 둘 다 복잡한 기구를 필요로 하고, 동력을 전달하기 위해 장치 종류의 배치가 제한 받는 등의 폐해도 있었다. 지금은 다양한 보조기기들이 전동제어로 바뀌고 있다. 작은 모터를 적당한 장소에 배치하면 되기 때문에, 종전의 방법으로는 얻을 수 없었던 치밀한 제어도 가능하다. 그리고 주동력원인 내연기관조차도 전기모터로 바뀌고 있다.

Battery

전기 저장

만들어 낸 전기의 저장방법을 생각해 보다

전기는, 생성하는 만큼 바로 사용하는 것을 전제로 한 에너지이다.
나중에 사용할 생각이라면 저장하는 일을 생각해야 한다.
저장방법은 다양하고 각각의 장단점이 있다. 그에 대한 특징들을 생각해 보겠다.

본문 : MFi　수치 : 다임러 / 볼보 / MFi

● 커패시터(축전기)

여기에 언급한, 화학반응식을 이용하는 3종의 축전지와는 달리, 전자적 소자를 이용하는 축전 수단이다. 순간적인 대전류 충방전 성능이 뛰어나서, 빈번하게 가감속 주행을 할 때 에너지 회생 수단으로 많은 주목을 모으고 있다.

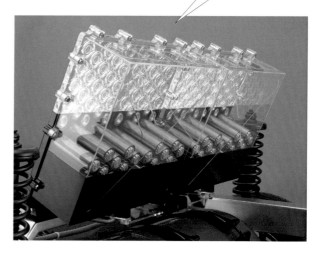

● 납 축전지

SIL 축전지로도 불리듯이, 시동 모터, 점화, 등화장치를 주로 담당해 왔다. 신세대 2차 전지 제품들과 비교하면 성능에서 뒤처지는 것은 부정할 수 없지만, 저가이면서 대전류 방출능력이 뛰어나다는 점이 큰 장점이다.

● 리튬이온 축전지

휴대전화나 태블릿, 포터블PC 등의 전원으로 상당히 익숙해 있는 리튬이온 축전지. 일부 발화나 발열 소동으로도 알 수 있듯이, 충전관리가 상당히 어렵고, 고도의 기술을 요하는 것이 풀어야 할 과제 중 하나이다.

● 니켈수소 축전지

하이브리드 차로 등장한 도요타 프리우스는 니켈수소 축전지를 탑재했었다. 리튬이온 축전지에 비해 에너지 밀도가 낮긴 하지만, HEV에게 있어서는 중요하고 유효한 수단이다.

각각의 수단이 갖고 있는 장점과 단점을, 적재적소에 분리해 사용

자동차 축전장치로서 현재 실용화된 것은 연산형(鉛酸型)과 니켈수소형, 리튬이온형 등과 같은 2차전지, 혹은 커패시터로 대표되는 전기소자이다. 전기를 저장하기 위해서는 직류가 아니면 안 된다. 따라서 교류발전기가 주류인 오늘날의 자동차 같은 경우, 이 축전장치들을 작동시키기 위해서는 반드시 교류를 직류로 변환하기 위한 정류기(Rectifier) 및 교류발전기의 회전운동에 의해 변화하는 발생전압을 평활화하기 위한 레귤레이터(Regulator)를 사용해야 한다.

이 축전장치들 가운데 압도적 주류를 차지하는 것은 연산형, 즉 납 축전지이다. 생산단가 면에서 유리하고 축적된 기술도 풍부하며, 무엇보다 시동 모터를 작동시키기 위한 대전류를 일거에 흘릴 수 있는 특징이 있기 때문이다. 자동차의 여명기 때는 전기를 필요로 하는 것이 점화장치뿐이었지만, 등화류가 전구가 되고, 경보장치도 전동화되고, 공조나 라디오, 시동 모터 등 전기부하가 계속해서 증가함에 따라, 6V 시스템 전압은 1960년대 초기에 12V로 바뀌어 현재에 이르고 있다. 전압이 2배가 되면, 같은 전력일 때 단순히 계산해도 전류값은 반으로 줄고, 배선다발 지름이나 중량을 낮출 수 있다는 점이 장점 중 하나이다. 근래의 자동차는 연비향상 측면에서 충전이 제한되어, 납 축전지에 대한 요구가 더욱 높아지는 상황이다.

한편으로, 하이브리드 차(HEV)나 전기자동차(EV)의 구동용 모터를 위한 전원이 납 축전지여서는 어쩐지 염려가 된다. 아래에 제시한 표에서 보듯이, 에너지 밀도나 중량 당 전력이라는 관점에서는, 납 축전지로는 아무래도 역부족이다. EV가 등장하기 전에는 비용적인 면에서 유리한 납 축전지를 필요한 양만큼 탑재했던 차도 있었지만, 차량 체적의 대부분이 전지인 차종도 드물지 않았다.

그래서 HEV나 EV의 판매가격을 상식적인 범위로 낮출 뿐만 아니라 차량실내 공간을 충분히 확보할 수 있는 수단으로, 니켈수소/리튬이온 2차 전지가 등장한다. 니켈수소를 본격적으로 탑재한 사례로는, 역시 1997년에 등장한 도요타 프리우스일 것이다. 리튬이온은 지금까지 HEV/EV용 축전지로는 가장 뛰어난 수단 가운데 하나로서, 각사의 경쟁도 상당히 심하다. 반면, 납 축전지에 비해 에너지 밀도는 상당히 뛰어나지만, 희토류를 이용하기 때문에 가격이 비싸다는 점, 충전제어가 상당히 어려워 고도의 기술을 요한다는 점 등, 앞으로 풀어야 할 과제도 많다.

현대의 축전장치에는 방전성능뿐만 아니라 회생에 따른 충전을 받아들이는 성능이 뛰어나야 한다. 내연기관 자동차에서는 열로 바뀌어 버려지는 제동 에너지를, 모터 회생으로 에너지를 회생시키는 것이야 말로 HEV/EV의 존재 의의라고도 할 수 있기 때문이다. 브레이크 페달을 밟았을 때 모터회생을 이용함으로서 제동력을 발휘해, 서서히 제동력을 높여가는 협조회생 제동뿐만 아니라, 가속 페달을 놓았을 때도 즉각 회생 기회를 포착하는 것이 현대의 기술이다. 정지/발차가 많은 주행상황에서는 회생이 매우 빈번하게 이루어진다. 고가의 2차 전지를 소용량으로 이용해 회생에 대응하는 시스템도 나타나기 시작했지만, 동등한 충방전 성능을 가진 커패시터가 등장하면서 주목받고 있다. 장기간 축전용이 아니고, 중량 당 에너지 밀도가 떨어지는 단점도 있지만, 풀 하이브리드에 비해 간단하고 싼 시스템을 장착할 수 있다는 점이 특징이다.

좋은 품질에 가격도 싸고, 연비절감에도 기여할 수 있는 전원으로서의 축전지 기술혁신은 멈출 기세가 없는 상황이다. HEV/EV의 눈부신 성능발전의 열쇠가 되는 것은 모터보다도 오히려 축전지 기술인데, 그렇기 때문에 세계 각국의 메이커가 힘을 쏟고 있는 것이다. 그런 한편으로 완전정지 상태에서 주행 준비상태로 바꾸기 위한 시스템 전압은 여전히 12V로서, 납 축전지에 대한 기대는 커질지언정, 줄어드는 일은 생각할 수 없다.

예전부터도 자동차의 생명선은 전기였지만, 100여 년을 지나도 상황은 전혀 바뀌지 않고 있다.

각종 전지의 특징

방식		납 축전지		리튬이온 축전지		니켈수소 축전지		커패시터
		개방식		HEV용도		HEV용도		전기 2중층
에너지밀도(Wh/kg)	O	30~40	O	100~200	O	50~80	X	5~10
전압(V)	△	2.0	O	3~3.7	△	1.2	△	2.5
최대출력(W/kg)	X	200		4000	△	1000~2000	O	100000이상
저항값(mΩ)	△	5	△	2.5	△	3	O	1
사용 온도 범위(℃)	O	−30~80	△	−30~60	△	−30~60	O	−30~70
사이클수명 (SOC 0 ⟷ 100% @25℃)	X	3000이상	△	30000이상	△	10000이상	O	1000000이상
안전성		O		△		O		O
환경부하	X	납	X	리튬 코발트 니켈 망간	X	니켈	O	—

납 축전지는 단일 셀에서의 전압이 높고, 납을 주재료하는 만큼 싸게 제작할 수 있다. 따라서 오랫동안 전지의 주역으로 계속 활약해 왔다. 가장 에너지 밀도가 뛰어난 리튬이온 축전지는, 환경부하 측면에서 문제가 크다. 커패시터는 화학반응을 이용하지 않기 때문에 사이크 수명이 매우 길다. (마쓰다기술보고서 No.30「감속에너지 회생 시스템 "i-ELOOP"의 디바이스 개발」에서 일부수정 인용)

납 축전지의 구조와 각 부품의 역할

화학반응에 필요한 최소한의 부품은, 아래 그림처럼 양극판(正極板)과 음극판(負極板) 그리고 전조(電槽) 내에 채워지는 전해액이다. 충전이 가능한 축전지로서는 150년 이상의 가장 오랜 역사를 갖고 있으며, 납을 주재료로 하기 때문에 싼 가격에 만들 수 있다는 점이 특징이다.

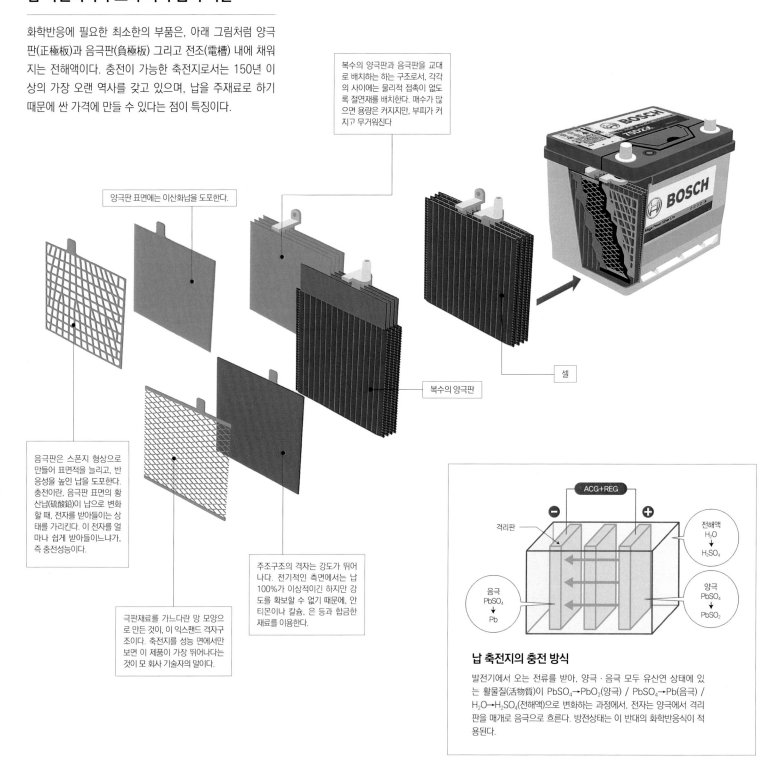

복수의 양극판과 음극판을 교대로 배치하는 하는 구조로서, 각각의 사이에는 물리적 접촉이 없도록 절연재를 배치한다. 매수가 많으면 용량은 커지지만, 부피가 커지고 무거워진다

양극판 표면에는 이산화납을 도포한다.

셀

복수의 양극판

음극판은 스폰지 형상으로 만들어 표면적을 늘리고, 반응성을 높인 납을 도포한다. 충전이란, 음극판 표면의 황산납(硫酸鉛)이 납으로 변화할 때, 전자를 받아들이는 상태를 가리킨다. 이 전자를 얼마나 쉽게 받아들이느냐가, 즉 충전성능이다.

주조구조의 격자는 강도가 뛰어나다. 전기적인 측면에서는 납 100%가 이상적이긴 하지만 강도를 확보할 수 없기 때문에, 안티몬이나 칼슘, 은 등과 합금한 재료를 이용한다.

극판재료를 가느다란 망 모양으로 만든 것이, 이 익스팬드 격자구조이다. 축전지를 성능 면에서만 보면 이 제품이 가장 뛰어나다는 것이 모 회사 기술자의 말이다.

납 축전지의 충전 방식

발전기에서 오는 전류를 받아, 양극·음극 모두 유산연 상태에 있는 활물질(活物質)이 $PbSO_4 \rightarrow PbO_2$(양극) / $PbSO_4 \rightarrow Pb$(음극) / $H_2O \rightarrow H_2SO_4$(전해액)으로 변화하는 과정에서, 전자는 양극에서 격리판을 매개로 음극으로 흐른다. 방전상태는 이 반대의 화학반응식이 적용된다.

자동차의 명맥을 유지하는
납 축전지의 기술이란

자동차의 정적인 전원 가운데 압도적인 대세를 차지하고, 여전히 주류인 것이 납 축전지이다.
차량이 고도로 복잡하게 변하면서, 계속해서 진화해 나가는 이 축전장치에는 어떠한 기술이 숨어있을까.

본문 : MFi　　수치 : 보쉬 / 후루카와 축전지 / MFi

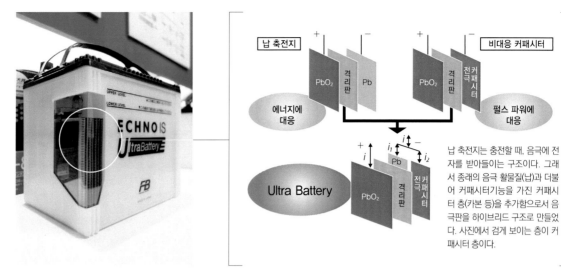

● 충전성능을 높이기 위해

납 축전지는 큰 전류를 방전하는 능력은 뛰어나지만, 급속충전에는 적합하지 않다. 금방금방 소비되는데 반해 거기에 맞춰 축적하지 못하는 것이다. 후루카와 전지는, 납 축전지와는 정확하게 반대되는 성질이라고도 할 수 있는 커패시터에 주목했다. 커패시터도 납 축전지와 마찬가지로 양극이 이산화납이기 때문에 공용으로 사용하고, 음극에 커패시터 층을 만들어 줌으로로 충전성능은 물론, 여러 방면에서 성능을 향상시키는데 성공하고 있다.

납 축전지는 충전할 때, 음극에 전자를 받아들이는 구조이다. 그래서 종래의 음극 활물질(납)과 더불어 커패시터기능을 가진 커패시터 층(카본 등)을 추가함으로서 음극판을 하이브리드 구조로 만들었다. 사진에서 검게 보이는 층이 커패시터 층이다.

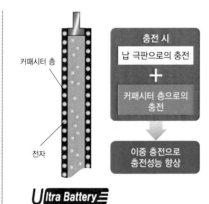

● 전자를 많이 받아들일 수 있는 구조

그림에서 보듯이, 기존의 활물질과 커패시터 층은 융합이 아니라 적층구조이다. 기존의 납의 충전성 외에 더 충전성이 뛰어난 커패시터 층이 전자를 많이 주고받는다. 기존제품에서 충전회복속도를 30% 향상시켜 아이들 스톱 기능영역을 넓히고 있다.

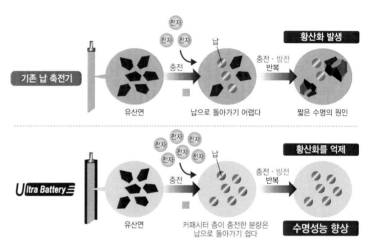

● 수명을 길게 하는데 성공한 이유

방전할 때, 음극 활물질은 납에서 유산연(硫酸鉛)으로 변한다. 유산연은 적절하게 충전하면 납으로 돌아가지만, 돌아가지 못하는 유산연은 시간과 함께 점차 경화되어 간다. 극판에 붙어서 반응면적을 감소시키고, 내부저항을 증대시키는 등의 문제를 일으킨다. 바로 황산화(Sulfation)이다. 기존품에 비해 커패시터 층에 전자를 많이 갖는 구조에서는 황산납→납의 화학반응을 더 정확하게 처리하기 때문에 황산화 발생을 억제할 수 있다.

자동차의 역사와 함께 같이 걸어온, 의연한 진화를 계속하는 축전지

납 축전지의 가장 큰 역할 가운데 하나가 시동 모터를 작동시키는 것이다. 엔진의 플라이휠을 돌리기 시작할 때, 가장 토크가 요구되는데, 순간적으로 수 백 암페어나 되는 대전류가 흐른다. 그렇기 때문에 납 축전지의 플러스 단자와 시동 모터의 마그네트 스위치 B단자는 직접, 지름이 큰 케이블로 접속되어 있다. 이 정도의 대전류를 언제까지고 방전할 수는 없다. 직류직권 모터인 시동 모터도 장시간 계속 회전시키면 고장이 발생한다. 추운 날에 시동이 걸리지 않는 엔진 때문에 애를 먹다가 순식간에 시동모터의 회전속도가 낮아지는 경우를 체험을 한 사람도 있을 것이다.

그러나 지금은 아이들 스톱 기능을 갖춘 자동차가 늘어나고 있다. 또한 엔진 토크의 손실을 회복하려고 교류 발전기를 항상 계속 회전시켜 축전지의 충전전압을 상시 감시하는데, 규정전압 상한에 도달하면 즉시 충전기능을 정지시키고, 방전 후에 하한으로 낮아지면 다시 충전을 시작하는 식의 충전제어기능을 널리 사용하고 있는 상황이다. 빈번한 과부하를 어쩔 수 없이 감당하게 되면서 충분한 회복조건에 도달하시 못하는 것이나. 주가석으로, 엔진룸이 과밀화됨에 따라 납 축전지의 탑재요건도 더 까다로워지고 있다. 「작업은 지금까지 이상으로 정확히 해냈으면 좋겠다. 그러나 작고, 가벼워야 하는 것도 필수」라는 점이 현대의 납 축전지가 처해 있는 조건인 것이다.

원래 납 축전지는 내부저항이 낮아서 많은 전류를 일거에 내보내는 것은 잘 하지만, 대량으로 받아들이는 것은 잘 못하는 성질을 갖는다. 2차전지로서는 치명적이라고도 할 수 있는 결점이다. 각 회사가 충전회복성능 향상에 심혈을 쏟는 것은 그런 이유 때문이다.

납 축전지의 구조는 양극판과 음극판, 두 극판 사이의 절연재, 그리고 전해액이다. 양극판에는 이산화납을, 음극판에는 납을 활물질(活物質)로 도포하고 있다. 방전(放電)이란, 전해액 속의 황산이온이 정부(正負) 양 극판으로 이농해 황산납이 뇌는 과성에서 선사가 음극에서 양극으로 흐르는 현상이다. 한편 충전은 반대로, 정부 양 극판의 황산납에서 황산이온이 전해액 안으로 이동해 음극이 납으로, 양극이 이산화납으로 바뀔 때, 전자가 양극에서 음극으로 흐르는 현상이다. 즉, 충전회복성능 향상이란, 음극이 전자를 받아들이기 쉬워지는 수단을 강구하는 것이다.

강구하는 수단으로는, 음극판에 도포하는 활물질의 최적화를 들 수 있다. 해면 형상인 활물질의 미세화나 첨가제 조정 등, 방법은 다양하지만, 목적은 위에서 설명한 대로이다. 이 기술들이 결실을 맺으면서 납 축전지 성능은 예전에 비해 비약적인 향상을 이루었다.

충전 · 방전이 가능한 2차전지
리튬이온 vs 니켈수소

90년대 초기에 니켈수소(Ni-MH)전지와 리튬이온(Li-ion)전지가 만들어지면서 2차전지 세계가 전환기를 맞았다.
각각 장단점이 있으며, 현재는 상황에 맞게 사용하고 있다.

본문&사진 : 마키노 시게오   그림 : 구마가이 도시나오 / 만자와 고토미

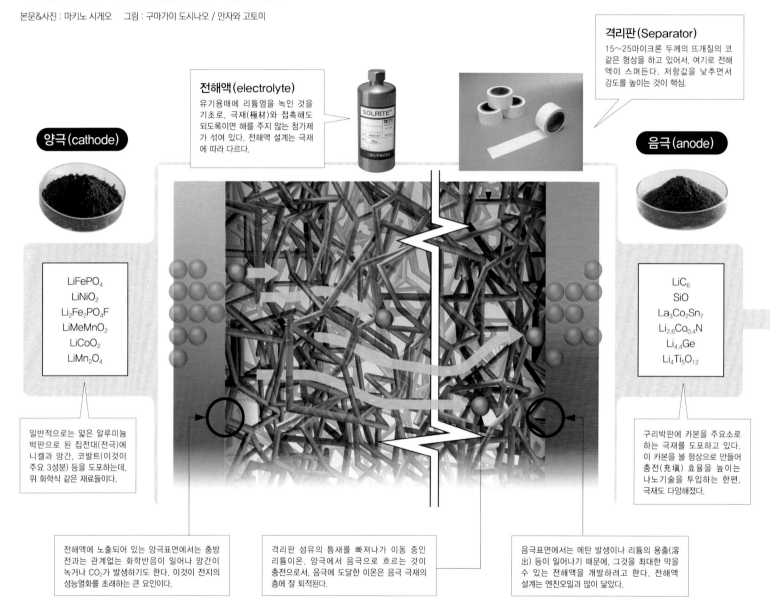

격리판(Separator)
15~25마이크론 두께의 뜨개질의 코 같은 형상을 하고 있어서, 여기로 전해액이 스며든다. 저항값을 낮추면서 강도를 높이는 것이 핵심.

전해액(electrolyte)
유기용매에 리튬염을 녹인 것을 기초로, 극재(極材)와 접촉해도 되도록이면 해를 주지 않는 첨가제가 섞여 있다. 전해액 설계는 극재에 따라 다르다.

양극(cathode)

LiFePO₄
LiNiO₂
Li₂Fe₂PO₄F
LiMeMnO₂
LiCoO₂
LiMn₂O₄

음극(anode)

LiC₆
SiO
La₃Co₂Sn₇
Li₂.₆Co₀.₄N
Li₄.₄Ge
Li₄Ti₅O₁₂

일반적으로는 얇은 알루미늄 박판으로 된 집전대(전극)에 니켈과 망간, 코발트(이것이 주요 3성분) 등을 도포하는데, 위 화학식 같은 재료들이다.

구리박판에 카본을 주요소로 하는 극재를 도포하고 있다. 이 카본을 볼 형상으로 만들어 충전(充塡) 효율을 높이는 나노기술을 투입하는 한편, 극재도 다양해졌다.

전해액에 노출되어 있는 양극표면에서는 충방전과는 관계없는 화학반응이 일어나 망간이 녹거나 CO_2가 발생하기도 한다. 이것이 전지의 성능열화를 초래하는 큰 요인이다.

격리판 섬유의 틈새를 빠져나가 이동 중인 리튬이온. 양극에서 음극으로 흐르는 것이 충전으로서, 음극에 도달한 이온은 음극 극재의 층에 잘 퇴적된다.

음극표면에서는 메탄 발생이나 리튬의 용출(溶出) 등이 일어나기 때문에, 그것을 최대한 막을 수 있는 전해액을 개발하려고 한다. 전해액 설계는 엔진오일과 많이 닮았다.

비에너지, 에너지 밀도, 비출력, 가격, 수명 그리고 구입 편리성

건전지처럼 「1회 사용」하는 전지를 1차전지, 충전해서 반복적으로 사용할 수 있는 전지를 2차전지라고 한다. 2차전지는 양극(+)과 음극(-)에 각각 다른 극재를 사용하고, 그것을 전해액에 담가 화학반응을 일으키는 방식으로 전기를 생성한다. 격리판은 단순하게 양극과 음극을 접속하지 못하게 하는 역할을 하며, 전자는 이 안을 자유롭게 이동할 수 있다. 충전할 때는 양극에서 음극으로, 방전할 때는 음극에서 양극으로 전자가 이동한다. 이 「왕복」이 가능한 점이 2차전지의 특징이다. 시판되는 알칼리 건전지 등에 「충전하지 마시오」라는 주의문구가 있는 이유는, 충전방향으로 전자가 이동하지 못하는 「비가역적 반응」구조여서, 외부에서 전압을 걸면 과열 등의 우려가 있기 때문이다.

2차전지는 극재에 어떤 재료를 사용하느냐에 따라 니켈카드뮴, 니켈수소, 리튬이온 같이 다른 종류의 전지가 만들어진다. 일반적으로 유통이 가능한 2차전지에서 비에너지(단위는 Wh/kg)가 높은 것은 리튬이온 계통이고, 니켈수소가 그 다음, 니켈카드뮴이 그 다음, 가장 오래전부터 존재했던 납 축전지의 비에너지가 가장 낮다.

다만, 전지의 성능은 이 비에너지만으로는 이야기할 수 없다. 순간적으로 어느 정도의 전력을 방출할 수 있

충전이 다 된 상태에서 사용하기 시작하면 전압이 급격하게 내려가고, 그 다음에 완만하게 하강한다. 이 영역을 자주 사용하면 전지의 성능열화가 커진다. 휴대전화나 스마트폰을 항상 최대로 충전하면 전지수명이 짧아진다.

2차전지의 「완전 충전」에서 「가스 결핍」까지

풀 충전에서 완전방전까지 다 이용하는 사용법은 사이클 수명(충방전이 가능한 회수)가 짧아진다.

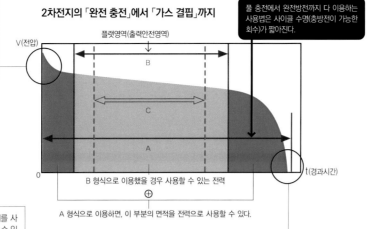

건전지든 리튬이온 전지든 간에 표시되는 전압은 출력안정영역 내의 수치이다. 마지막까지 높은 전압을 유지하고 나서 급격하게 전압이 낮아지는 형식과, 처음부터 천천히 내려가다 마지막에도 오랫동안 힘을 사용할 수 있는 형식이 있다.

전지는 「잔량 0%」에서도 어느 정도는 전지를 사용할 수 있기 때문에, 무리하면 여기까지 갈 수 있다. 이것도 2차전지의 수명을 짧게 하는 원인이다. 최근의 스마트폰이나 디지털 카메라에서는 이 영역을 사용하지 않도록 기계 쪽에서 제어하고 있다.

2차전지는 어떻게 사용해야 할까

다양한 경험을 통해서, SOC(State of Charge=충전상태)를 넓게 하지 않는 편이, 그 전지가 생애에 저장할 수 있는 용량이 커진다는 것을 알았다. 순서로 보면 C 〉 B 〉 A로서, 하이브리드 차는 거의가 C이다. A 형식으로 이용하면 충전 회수가 잘해야 1000회 정도지만, C 형식으로 이용하면 10배 정도는 더 사용할 수 있다.

습포약(濕布藥) 같이 얇은 리튬이온 전지는 단품으로의 성능을 중시하는 경우에 이용한다. 닛산 리브는 이 형식을 케이스에 몇 겹이고 넣은 것을 사용한다. 평면 사이즈는 2종류가 있는데, 후거 하이브리드에는 면적이 작은 쪽을 사용한다.

전지를 얇은 박판 형상으로 사용할지, 둘둘 말아서 사용할지는 설계자가 의도하기 나름이다. 제조공정이나 요구되는 소재 등도 포함해 종합적으로 판단한다. 세계적으로 보면 원통형으로 말은 형식이 많은데, 범용 형식인 18650도 이런 형식이다.

자동차에서는 원통형 전지를 직렬로 연결해 케이스에 넣는 방식이 일반적이다. 필요한 전압에 맞춰 전지 개수가 결정되며, 탑재 장소에 맞춰 가로세로 깊이가 정해진다. 내부에 공기 통로를 베치하는 경우가 많다.

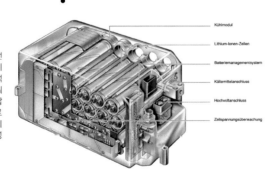

Kühlmodul
Lithium-Ionen-Zellen
Batteriemanagementsystem
Kältemittelanschluss
Hochvoltanschluss
Zellspannungsüberwachung

시판 중인 니켈수소전지의 구조

반복적으로 사용할 수 있는 니켈수소전지의 내부구조는 좌측 페이지의 리튬이온전지와 거의 똑같아서, 양극과 음극 사이에 전해액으로 채워진 격리판을 끼고 있다. 적절하게 사용하면 상당히 오래 사용할 수 있지만, 완전 충전한 상태로 방치하면 수명이 단축되고, 「조금 사용하다 바로 충전」을 반복하면 용량이 줄어드는 메모리 효과가 나타난다. 그렇기 때문에 순정충전기를 사용하는 것이 가장 좋다.

양극 태그
격리판 · 전해액
양극판
음극판은 바닥부분 단자와 접해 있다
음극판

느냐는 「비출력[W/kg]」, 이 출력을 어느 정도의 시간만큼 유지할 수 있느냐는 에너지 밀도[Wh/ℓ], 이 특성들의 중량 · 크기 당 특성, 가격, 구입 용이성, 수명 등, 다양한 지표를 토대로 「이 용도에는 어떤 2차전지가 적당할지」가 결정된다.

현시점에서 최강인 리튬이온 2차전지는 전극 사이를 리튬이온(Li+)만 이동하고, 극재 자체는 화학변화를 일으키지 않는 특징을 갖고 있다. +(양) 이온은 + 전하를 띤 원자로서, 전자와는 다르다. 니켈수소전지는 화학변화를 이용하기 때문에 충전/방전, 즉 산화/환원을 반복하는 동안에 전자가 출입하는 「층」구조가 붕괴되는데, 이것이 열화의 원인이다. 리튬이온 2차전지도 이온의 이동을 몇 백 번이고 되풀이하면 극재가 표면부터 열화되지만, 이것은 충전 자체에 의한 화학변화는 아니다.

극재에 응력이 누적되지 않도록 충방전과 전해액 성분을 향상시켜 표면노화를 억제시킴으로서 수명을 연장할 수 있다. 이런 수단 가운데 하나가 전지 내의 온도상승을 억제시키는 것, 즉 최대한의 충방전을 피하는 것이다. 현재 이를 위한 제어 소프트웨어가 상당한 진전을 보이고 있다.

화학반응이 없는 커패시터는

「단거리 대시」의 명수

2차전지는 양극/음극/전해액 사이에서 일어나는 화학반응에 의해 충전과 방전을 하기 때문에 열화가 진행된다.
전하를 「한 순간 보관」만 하는 커패시터는 열화가 매우 적어 단시간내의 충방전에 유리하다.

본문&사진 : 마키노 시게오　그림 : 만자와 고토미

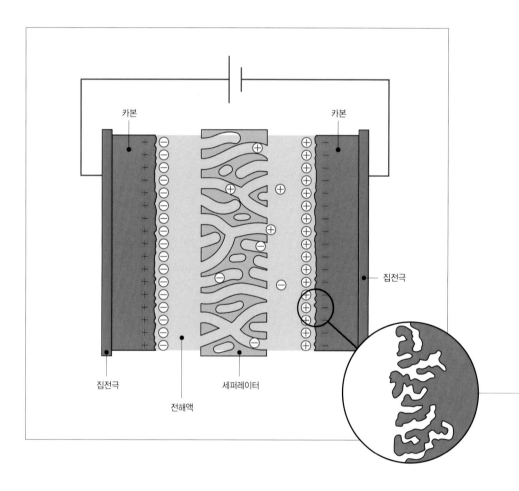

전기를 통하게 하는 금속에 카본 가루를 바르면 표면에 이와 같이 무수히 많은 요철이 생기는데, 카본 1g으로 표면적 1000~3000m² 를 바른다. 커패시터의 용량은 이 표면적에 정비례해서 커지기 때문에, 근래에는 카본 나노 튜브를 사용해 표면적을 극적으로 넓게 하려는 시도가 왕성하다. 하지만 문제는 가격이다.

커패시터의 구조

양극과 음극, 이 2극을 격리시키기 위한 세퍼레이터, 전극의 표면을 덮는 전해액까지의 구조는, 앞 페이지의 리튬이온 전지와 매우 비슷하다. 일반적으로 전극표면은 카본 가루(활성탄)로서, 이것을 아주 얇은 알루미늄판에 바른다. 전해액은 셀 당 1V 정도라면 수용액 계통을, 2.5V~3V를 겨냥하는 경우는 물을 극한까지 제거한 유기계통을 사용한다. 왜 탄소인가 하면, 싸고 구입이 쉬우며, 표면적이 크기 때문이다. 1나노미터 정도의 가느다란 구멍을 효과적으로 만드는 기술이 필수적이기 때문에, 커패시터는 나노 기술인 동시에 아주 얇은(極薄) 금속박막 제조기술도 필요로 한다.

「넣기 쉽고」 더구나 「쉽게 나오는」 성격

커패시터와 2차전지(충전가능한 전지)의 가장 큰 차이는 화학반응을 하는지의 여부이다. 앞 페이지에서 설명했듯이, 2차전지는 양극과 음극에 각각 다른 전극재(電極材)를 이용해, 전해액에 침투시켜 화학반응을 일으킴으로서 전기를 생성한다. 커패시터는 양쪽 전극 사이를 전자(전하)가 이동만 하는 것만으로 충전/방전을 한다. 전기를 전자 상태로 저장한다는 점에서는 전기회로 내에 있는 콘덴서와 똑같다. 콘덴서를 용량을 더 크게 한 것이 커패시터라고 생각하면 된다.

화학반응에 의존하지 않기 때문에 커패시터는 양극과 음극의 전극재료가 똑같으며, 전극은 집전대(集電帶)라고 한다. 전극에 전자가 「접근하는 것」 뿐이다. 그리고 화학반응이 일어나지 않기 때문에 전극은 거의 열화되지 않는다. 지금 실용화 중인 자동차용 커패시터는 15년이 지나도 용량변화가 10% 이하로 추측되고 있다.

전기회로에 사용하는 콘덴서도 커패시터이지만, 근래의 고성능 커패시터는 전기2중층(EDL=Electrical Double Layer)이라는 현상을 이용한 형식이다. 이런 방식의 커패시터(Capacitor)이기 때문에 EDLC라고 한다. EDL은 헬름홀쯔가 1879년에 이름 붙인 현상으로, 고체와 액체 경계면에 전자가 쭉 늘어선 상태를 가리킨다.

상단 그림에 그렸듯이, 서로 마주한 집전대 한 쪽 표면에 전해액 안의 마이너스 전자, 반대쪽 표면에 플러스 전자가 늘어서고, 카본 내부의 전자는 이것과 짝이 되게 표면 마이너스 쪽으로는 플러스, 반대쪽으로는 마이너스 전자가 끌려간다. 이것이 EDL이라는 현상이다. 좌측 페이지 그림을 참고해 주기 바란다.

일정 이하의 전압을 가한 내전압(耐電壓) 상태에서

는, 쭉 늘어선 이 전자는 이동하지 않는다. EDL은 전자가 (+) (−) 2개의 층을 형성해 깨끗하게 배치되는데, 이것이 「축전」상태이다. 언제까지 늘어서 있는지는 설정된 대전압(帶電壓)에 따라 바뀐다. 전압이 내전압보다 높아지면 일거에 전자가 이동한다. 이것이 방전이다. 화학반응을 이용하는 2차전지는 반응이 일어날 때까지 약간의 시간 지체가 있어서, 이것이 충전/방전하는 시간에 제약을 주지만, 캐퍼시터에서 전자의 이동은 순식간

극표면의 구석구석까지 전자를 가득 나열한 상태가 된다. 축전단위는 F(Farad)로 표시한다. 1F란 「1A(암페어)로 충전했을 때, 1초 동안 1V(볼트) 상승하는 에너지」를 가리킨다. 이 부분이 약간 딜레마인데, 커패시터는 충방전 속도와 열화 저항 특성이 뛰어나지만, 용량이 작다. 2차전지에 비해 축적할 수 있는 에너지 양에 비해 「크고 비싸다」는 것이 단점이다. 2차전지와 커패시터는 각각 일장일단이 있다.

성」을 살리고 있다. 전류값이나 용량도 각각의 기능에 맞추고 있다.

EDLC가 갖는 전기의 「투입 용이성」과 「방출 용이성」은 내부저항이 낮은데 따른 것이다. 통상 납 2차전지는 내부저항이 20~30mΩ이지만, 일본 케미콘의 EDLC는 0.8mΩ이다. 6셀을 직렬로 사용하면 0.8×6=4.8mΩ이 되지만, 그래도 납 2차전지보다 훨씬 낮기 때문에 전기를 저장하기가 쉽다. 혼다는 이 상태에서

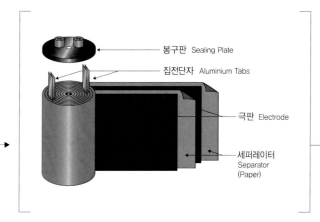

봉구판 Sealing Plate

집전단자 Aluminium Tabs

극판 Electrode

세퍼레이터
Separator
(Paper)

전극과 세퍼레이터를 둘둘 감은 것을 원통 형상의 용기에 넣고 전해액을 가득 채우면, 원형 커패시터가 된다. 일반적인 건전지 구조도 원형 리튬이온 2차전지 구조와 비슷하다. 축전용량은 굵기와 세로방향 길이에 따라 변한다.

말은 굵기와 통 길이는 상당히 자유롭게 할 수 있다. 콘덴서는 1개당 내부저항과 사용 개수의 관계가 곱셈이라, 개수가 많으면 내부저항 합계가 커진다. 커패시터도 성격이 같기 때문에 개수와 탑재요건과의 균형이 필요하다.

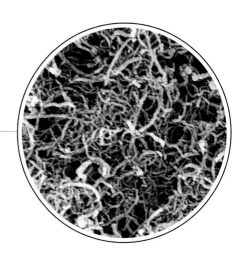

1개당 2.5V인 셀을 6개 직렬로 연결하면 2.5×6=15V가 된다. 1개당 축전량이 800F라면 합계 4800F이다. 마쓰다 25V/200A 정도로, 혼다는 12V/50A 정도로 사용하고 있다. 리튬이온 2차전지보다도 용량이 훨씬 작다.

에 끝나기 때문에 커패시터의 충방전은 아주 신속하다. 전지가 장거리 달리기이라고 한다면 커패시터는 단거리 달리기이다. 아니, 럭비의 스크럼 하프(번역자 주 : 스크럼 주위에 있다가 스크럼에서 나온 공을 처리하는 선수) 같이 9m 질주라고 하는 편이 좋을 것이다. 덧붙이자면, 전지는 충방전을 해도 전압이 바뀌지 않지만, 커패시터는 전압이 바뀐다. 이 변화량을 감지하고 있으면 잔량을 알 수 있다.

내전압이 크면 커패시터의 체적·중량 당 축전량이 커진다. 좌측 페이지의 그림으로 설명하면, 파고든 전

자동차용으로 사용하는 일본 케미콘 제품의 커패시터 「DXE시리즈」는 직경 40mm에 길이가 65/105/150mm 3종류가 있다. 65mm 같은 경우는 축전용량이 400F, 105mm는 805F, 150mm는 1200F이다. 이 이외의 길이도 특별주문할 수 있다고 한다. 용량은 EDL상태가 되는 부분의 표면적에 비례한다. 현재 상태에서 개당 공식전압은 2.5V이다. 마쓰다와 혼다는 일본 케미콘의 DXE시리즈를 각각 사용하고 있다. 그러나 사용방법은 제각각이다. 마쓰다는 EDLC 특유의 「투입 용이성」을 이용하며, 혼다는 「방출 용이

사용하고 있다. 마쓰다는 10개를 직렬로 연결해 25V를 뽑아내지만, 그래도 전체 내부저항은 8mΩ밖에 되지 않는다. 필자의 실측으로는 10mΩ보다 약간 위였지만, 200A로 사용하기 때문에 바로 전기가 모아진다. 시내에서 타고 있어도 바로 완전 충전이 된다. 혼다는 12V/50V 정도에서 엔진 시동에 이용한다. 다 사용해도 다음 신호에서 멈추기 전에 충전된다.

일본 케미콘에 물었더니, 자동차용으로 어려운 점은 「진동 대책」「안전성 대책」「온도상승 대책」「내부저항 저감」이라고 한다. 물론 개량은 꾸준히 진행되고 있다.

발전기 작동시간을 줄이고
"전기"를 아끼는 방법

—— 마쓰다 i-ELOOP 개발 과정과 연비절감 메커니즘

자동차 사용전력이 증가하는 가운데, 전원으로서의 발전기 사용법이 고도화되고 있다.
엔진 연비를 낮추면서, 얼마나 발전기를 유효하게 작동시키는가. 그 대답이 커패시터의 사용이다.

본문 : 가와바타 유미　　그림 : 다임러

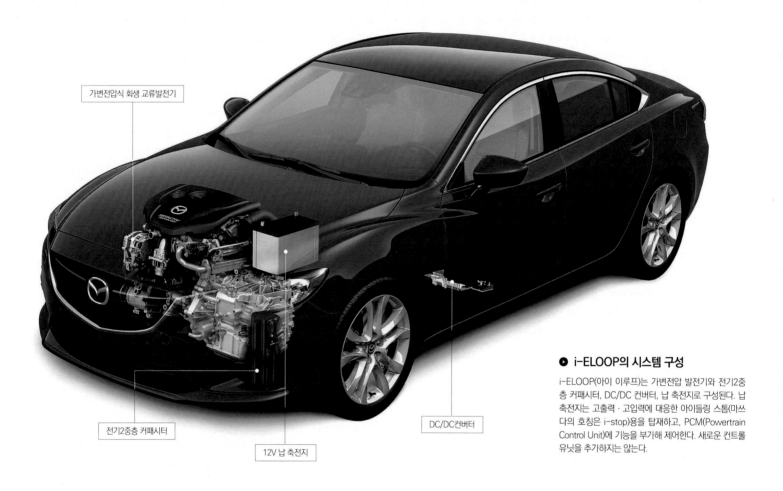

가변전압식 회생 교류발전기

전기2중층 커패시터

12V 납 축전지

DC/DC컨버터

● **i-ELOOP의 시스템 구성**

i-ELOOP(아이 이루프)는 가변전압 발전기와 전기2중층 커패시터, DC/DC 컨버터, 납 축전지로 구성된다. 납 축전지는 고출력·고입력에 대응한 아이들링 스톱(마쓰다의 호칭은 i-stop)용을 탑재하고, PCM(Powertrain Control Unit)에 기능을 부가해 제어한다. 새로운 컨트롤 유닛을 추가하지는 않는다.

왜 커패시터인가, 커패시터를 사용하면 어떤 점이 이득인가

마쓰다가 2012년 아텐자(Atenza)의 모든 그레이드에 투입하고, 2013년 악셀라(일부 그레이드)에도 탑재한 i-ELOOP(Intelligent Energy LOOP)는 마쓰다의 독자적인 감속 에너지 회생 시스템이다.

주행 중인 차량의 운동 에너지는, 감속할 때 브레이크 유닛을 통해 열에너지로 변환된 다음, 대기로 방출된다. 방출로 끝나면 버려지는 이 에너지를 모터/제너레이터 유닛으로 회생시켜 축전 디바이스(주로 니켈수소 축전지/리튬이온 축전지)에 모았다가, 나중에 주행할 때 활용해 엔진부담을 줄이고 연비를 향상시킨다는 것이 하

이브리드 시스템의 기본원리이다.

i-ELOOP도 감속할 때 버려지는 에너지를 회생하는 기능은 똑같지만, 「발전기의 발전기회를 줄이는 것」에 착안해 개발했다는 점이 특징이다. 주행 중에는 자동차가 사용하는 전기장치의 전력을 조달하기 때문에, 발전기를 구동할 필요가 있다. 이 발전기를 구동하기 위해 주행 중에 엔진이 생성한 출력의 10% 정도가 소비된다.

엔진의 최고출력이 몇 kW이든지간에, 시내나 고속도로를 정상적으로 주행하는데 필요한 출력은 5~6kW 정도이다. 한편, 자동차에는 엔진의 전기장치나 동력 조향

장치, 오디오에 에어컨, 전조등에 와이퍼 등, 다양한 전기장치가 탑재되어 있다. 주행상황에 따라 소비전력은 달라지지만, 대략적으로 말해도 500W 정도를 소비한다. 주행하는데 필요한 출력이 5~6kW인데, 발전기에서 500W를 소비해서는 곤란하다. 감속할 때 에너지를 축전 장치에 모아놓았다가, 나중에 전기가 필요할 때 모아놓았던 에너지에서 조달하면, 그 사이에 발전기를 작동시키지 않아도 되고, 그러면 엔진에도 좋다. 엔진에 좋은 만큼은 연비향상으로 이어지는 구조이다.

전기구동 시스템 개발실의 다카하시 다츠로 주간을

전기장치	소비전류(A)
엔진전기장치	12 ~ 14
제동등	1 ~ 2
전동 동력 조향장치(주행 중)	1 ~ 2
오디오	1 ~ 2
내비게이션 시스템	2 ~ 3
공조 팬(중간위치)	5 ~ 7
에어컨 압축기	3 ~ 3.5
전동팬	5 ~ 8
전조등(하향)	6 ~ 10
미등	2 ~ 3.5
안개등	8

◉ 자동차의 주요 전력소비

i-ELOOP를 개발하면서, 전 세계의 사계절 동안의 전류소비 경향을 조사했다. 대부분의 상황은 40A로 감당할 수 있지만, 전기장치가 증가경향에 있는 것을 고려해 최대사용전류를 50A로 설정했다.

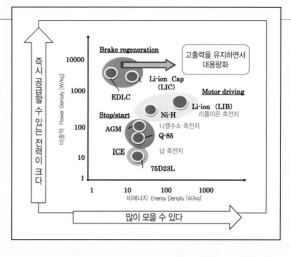

◉ 주요축전 장치의 성능비교

각종 축전 장치의 비에너지(수치가 클수록 많이 저장할 수 있다)와 비출력(수치가 클수록 순간적으로 끌어올 수 있는 전력이 크다) 관계를 비교한 것이다. 전기2중층 커패시터(EDLC)의 비출력의 크기는 독보적이다. 다만 용량을 확보하려면 무겁고 커지게 된다.

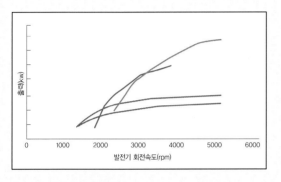

◉ 교류발전기의 출력비교

일반적인 12V 계통의 교류발전기와 가변전압 교류발전기의 출력을 비교한 그래프. i-ELOOP용 교류발전기 전압은 12~25V 범위에서 최대 200~230A의 회생이 가능하다.

◉ 교류발전기

3파 정류 다이오드의 변경이나 전류검출회로의 추가 등, 하드웨어 변경이 필요하긴 하지만, 기존의 12V 계통 교류발전기와 똑같은 크기로 i-ELOOP용 교류발전기를 만들었다. 이 이상 고전압화하면 크게 변경해야 하기 때문에 크기도 커지고, 가격도 비싸진다.

◉ 커패시터

일본 케미콘과 공동으로 개발한 전기2중층 커패시터. 어느 일정 조건 하에서 비교했을 경우, 커패시터 같은 경우는 약 6초 동안 26kJ의 감속에너지를 회수하는데 반해, 리튬이온 축전지는 7~9kJ, 니켈수소 축전지는 3~4kJ밖에 회수하지 못한다. 탄소전극의 활성탄을 야자나무로 만들고 있기 때문에, 폐기할 때는 회수할 필요가 없다. 방전시키지만 하면 된다. 약 6kg.

◉ DC/DC 컨버터

675W 용량은 소비전력량을 토대로 정했다. 소비전류가 50A를 넘는 상태가 계속될 경우는, 발전기와 납 축전지를 직결해 전기장치에 전류를 공급한다. 50A 연속통전으로 85℃ 부근에 도달하면 열 평형상태가 된다. 방열 팬으로 방열하는 구조이다. 약 1.8kg.

비롯한 개발진은 먼저 연비개선 목표를 세우고, 이를 실현하기 위해 필요한 사양을 개별 부품에 적용시켰다. 목표는 가감속이 자주 일어나는 실제 주행상황에서, 약 10%의 연비를 개선시킨다는 것이다. 목표를 정하는데 있어서 일본의 JC08모드도 사용했다. 연비모드를 측정할 때의 소비전류값은 15~20A지만, 실제 주행에서는 40A나 되기 때문에 사양 결정에 이용하는 소비전류값은 40A로 했다. 이 소비전류로 45초 동안 전력을 공급할 수 있는 13.5V×40A×45초=24.3kJ의 용량을 임시 목표로 삼았다. 실제로는 커패시터나 교류발전기 사양을 감안해 25kJ(약 7Wh)로 하고 있다.

축전 장치의 용량은 커패시터를 전제로 결정하고 있지만, 그 전 단계에서는 전기2중층 커패시터와 리튬이온 축전지, 니켈수소 축전지, 납 축전지와 같은 각 장치의 비교검토하고 있다. 축전 장치 결정에 관해서는, 감속할 때의 운동 에너지를 전기 에너지로 변환하는 교류발전기 사양이 영향을 준다. 교류발전기 전압은 통상 12~14V이지만, 원래 마쓰다가 사용했던 교류발전기는 약간의 사양변경으로 12~25V 범위로 전압을 가변제어할 수 있는 잠재력을 갖추고 있었다. 발전할 때의 전압을 높이면 순간적으로 큰 에너지를 회수할 수 있다. 그러나 아무리 큰 전기 에너지를 발생시키더라도 그 시점에서 축전 장치에 저장할 수 없어서는 의미가 없다. 그래서 비출력[W/kg]이가 뛰어난 커패시터가 등장하였다.

납 축전지와 니켈수소 축전지는 전류의 수용성(비출력) 관점에서 바로 탈락했다. 마지막에는 리튬이온 축전지와 전기2중층 커패시터의 싸움이었지만, 사용조건이나 환경을 고려하면 리튬이온 축전지는 냉각 시스템을 필요로 하고, 수명이 다할 때쯤에는 회생효율이 떨어질 우려가 있었기 때문에 선정에서 제외되었다.

▶ 통상적인 주행 / 감속회생 때의 전원 시스템 동작

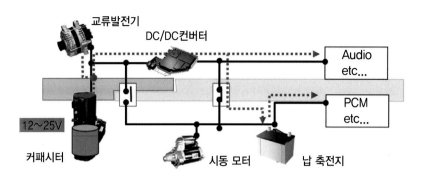

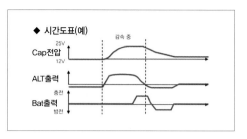

커패시터에 모여있던 전력을 다 사용한 뒤에는, 교류발전기 혹은 납 축전지에서 전력을 공급하면서 달린다. 감속할 때는 교류발전기로 발전해 전력을 커패시터에 모아둔다. 가변전압 교류발전기는 기존대비 약 3배의 발전능력을 갖고 있지만, 발전량이 많으면 발전 토크가 원인이 되어 운전자가 기대하는 감속도를 넘어 감속 가속도가 발생하게 되어, 위화감을 준다. 그래서 가속 페달에서 발을 떼었을 때는 차속 감소에 맞춰 허용감속도를 바로 낮추도록 제어하고 있다.

▶ 아이들링 스톱 때의 전원 시스템 동작

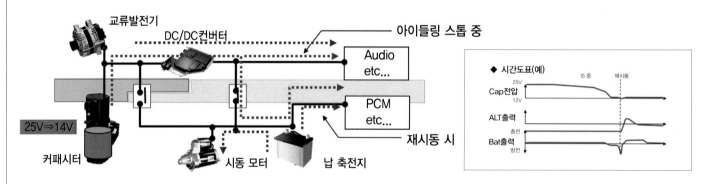

아이들링 스톱 때는 커패시터에 있던 전력을 사용해 DCDC컨버터로 승압한 다음 전장품으로 전원을 공급한다. 대략 1분에서 1분 30초 동안은 커패시터에 축전된 전력으로 커버할 수 있다.

아이들링 스톱 시간이 길어 커패시터 분을 다 사용했을 경우는 납 배터리에서 전력을 공급한다. 커패시터 잔량에 상관없이 다시 시동을 걸 때, 스타터를 구동하는데 필요한 전력은 납 배터리에서 공급한다.

전기2중층 커패시터로 결정했다고는 하지만, 양산차량에 적용하는데 있어서 과제는 남아 있었다. 단기간에 대전류를 회생할 수 있는 잠재력을 갖고 있기는 하지만, 엔진룸 안에 탑재하기 위해서는 혹서지역에서의 내부발열에 따른 온도상승을 억제할 필요가 있다. 가격이나 중량 측면에서 냉각시스템 구축은 생각하지 않는다는 것을 전제했다. 그래서 마쓰다는 전기2중층 커패시터의 공급회사인 일본 케미콘과 공동으로 셀/모듈을 개발해 접촉저항 저감이나 고온 내구성 향상을 도모하고, 차량탑재가 가능한 사양으로 만들었다.

어텐자 개발 초기단계부터 i-ELOOP를 탑재하기로 결정된 것이 아니라, 배치구조 설계가 나름대로 진행된 단계에서 i-ELOOP 적용이 결정되었기 때문에, 5개의 셀(단일 셀 2.5V)을 2단으로 겹친 모듈 형상은 남아 있는 공간 상황 탓에 정해진 것이다. 전원계통을 엔진룸에 집약한 것은 「배선다발을 줄여 전송 손실을 낮추기 위해」(다카하시씨)라고 한다.

교류발전기를 12~25V의 가변전압으로 한 것은 에너지 회생효율을 높이는 측면에서는 공헌했지만, 반대로 12V 계통의 전기장치에 전류를 공급할 때는 승압할 필요가 있어서, 그 때문에 DC-DC 컨버터가 필요해졌다. 675W의 출력은 전기장치 소비전류를 최대 50A로 보았기 때문이다. 커패시터와 마찬가지로, 냉각 시스템을 집어넣을 생각은 없었기 때문에 공랭방식을 채택해 조

수석 아래에 배치했다.

덧붙이자면, 혼다는 피트의 1.3ℓ 엔진 탑재차량에 i-ELOOP와 똑같은 일본 케미콘 제품의 커패시터를 탑재하고, 이것을 아이들링 스톱용 축전 장치로 사용하고 있다. 감속할 때 교류발전기에서 발전한 전기 에너지를 저장하는 것까지는 i-ELOOP와 똑같지만, 저장한 전기를 전기장치에 공급하는 것이 주목적이 아니라, 재시동을 걸 때 시동 모터를 구동하기 위해서 이용한다. i-ELOOP도 시동 모터를 구동하기에 충분한 커패시터 용량을 확보하고는 있지만, 커패시터에 몰려 있는 전하가 높을 경우는 재시동을 걸 때 강압할 필요가 있다. i-ELOOP는 저장한 전기 에너지로 재시동을 걸 때 시동

▶ i-ELOOP의 연비절감 방법

i-ELOOP 있음

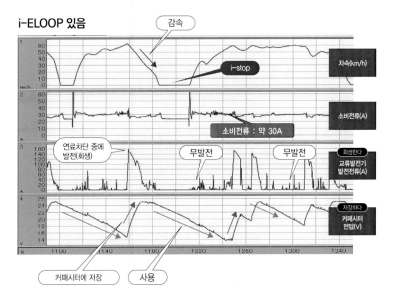

감속 → i-stop

차속(km/h)

소비전류(A)

소비전류 : 약 30A

연료차단 중에 발전(회생) 무발전 무발전

회생한다
교류발전기
발전전류(A)

저장하다
커패시터
전압(V)

커패시터에 저장 사용

i-ELOOP 없음

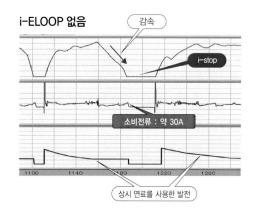

감속 → i-stop

소비전류 : 약 30A

상시 연료를 사용한 발전

i-ELOOP가 기능하고 있는 경우, 감속할 때(연료차단 시) 에너지를 회생해 커패시터에 전력을 저장한다. 아이들링 스톱은 커패시터에 저장한 전력을 사용. 가속페달을 밟을 때 커패시터에 잔량이 있을 경우는, 교류발전기 발전을 하지 않는다. 그 때문에 발전기를 구동하는데 소비되는 연료를 절약(=연비향상)할 수 있다. i-ELOOP를 탑재하지 않는 경우는, 상시적으로 연료를 사용해 교류발전기로 발전할 필요가 있다.

i-ELOOP 있음

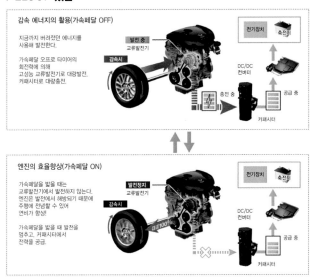

감속 에너지의 활용(가속페달 OFF)

지금까지 버려졌던 에너지를 사용해 발전한다.

가속페달 오프로 타이어의 회전력에 의해 고성능 교류발전기로 대량발전. 커패시터로 대량충전.

발전 중 / 교류발전기 / 감속시 / 전기장치 / 축전지 / DC/DC 컨버터 / 충전 중 / 공급 중 / 커패시터

엔진의 효율향상(가속페달 ON)

가속페달을 밟을 때는 교류발전기에서 발전하지 않는다. 엔진은 발전에서 해방되기 때문에 주행에 전념할 수 있어 연비가 향상!

가속페달을 밟을 때 발전을 멈추고, 커패시터에서 전력을 공급.

발전정지 / 교류발전기 / 감속시 / 전기장치 / 축전지 / DC/DC 컨버터 / 공급 중 / 커패시터

i-ELOOP 있음

자동차의 발전방법

자동차에서 사용하는 전기는 엔진 구동을 통해 발전한다.

엔진 동력의 10%가 발전에 사용되고 있다.

약 10% → 축전지 / 전기장치

i-ELOOP가 있을 때와 없을 때의 작동 이미지. 감속 에너지 회생 시스템을 탑재하지 않을 경우, 주행 중인 엔진이 생성한 동력 가운데 약 10%가 발전에 사용된다. i-ELOOP는 감속 에너지 회생으로 저장한 전력을 활용함으로서 주행 중의 발전기회를 줄인다. 브레이크스루(Breakthrough) 기술은 에너지를 효율적으로 회생하는 가변전압 교류발전기와 회생한 에너지를 바로 저장할 수 있는 전기2중층 커패시터를 사용한다. 납 축전지의 부하가 감소하기 때문에 축전지 수명이 늘어나는 효과도 있다.

모터 구동에는 사용하지 않는다.

또한 스즈키는 승용차 스위프트나 경자동차 각 차종에 「에너지차지」라고 이름붙인 감속 에너지 회생 시스템을 탑재하고 있다. 교류발전기에서 발전한 전력은 조수석 아래에 배치한 덴소제 리튬이온 축전지 팩(용량 36Wh/130kJ)에 저장한다. 저장한 전력은 점화 코일이나 연료펌프, 오디오나 제동등 등의 전기장치에 사용한다. 재시동을 걸 때의 시동 모터 구동에는 납 축전지의 전력을 사용한다.

i-ELOOP는 통상적인 주행 시, 커패시터에 모여 있는 전력을 다 사용한 다음에는, 납 축전지에서 전력을 공급하면서 달린다. 감속할 때는 교류발전기에서 발전하고,

전력을 커패시터에 저장한다. 완전 충전상태까지 몇 초면 되는 것이다. 사용 장소나 조합하는 엔진 종류에 따라 세팅이 달라지긴 하지만, 가속페달을 밟을 때 발전을 멈추고 오프(연료 차단)시킬 때 감속도를 일으키면서 회생하는 것이 기본이다. 회생 효율을 높이려면 감속 가속도를 더 크게 해야 하는데, 거기에는 신중하게 대처했다. 운전자가 브레이크를 밟았을 때는 감속할 의사가 있다고 판단하고, 감속도를 더 높여 회생량을 늘리도록 제어하는 것이다.

i-stop이라 부르는 아이들링 스톱 때는, 커패시터에 저장했던 전력을 사용해 전기장치로 전원을 공급한다. 대략 1분에서 1분 반은 커패시터에 모아둔 전력으로 조

달할 수 있다. 아이들링 스톱 시간이 길어서 커패시터 분량을 다 사용했을 경우에는 납 축전지에서 전력을 공급한다.

여름 철 밤에 비가 내리는 등의 상황처럼, 전력소비량이 많은 상황 외에는 거의 모든 사용조건에서 용량이 부족한 적은 없다고 한다. 다만, 현 상태로 만족하지 않고 계속해서 많은 감속 에너지를 회생할 수 있도록 개발하는 동시에, 회생한 에너지를 유효하게 활용할 수 있는 기술개발도 진행 중이다.

최신사례 **2** **VALEO**

48V로 바꾸면 어떤 일이 가능해질까?

—— 급속하게 주목을 끄는 「48V」. 바꾸면 도대체 어떤 일이?

60년대에는 자동차의 전기장치 부품이 6V였다. 그러다가 오디오나 에어컨 등의 장비가 증가하면서 12V로 증강되었다.
전자제어나 장비의 증가로 소비전력량이 늘어만 가는 현재, 48V로의 변화시도는 차세대기술을 사용하는데 있어서 복음이 될 것 같다.

본문 : 가와바타 유미   사진 : 아우디/발레오

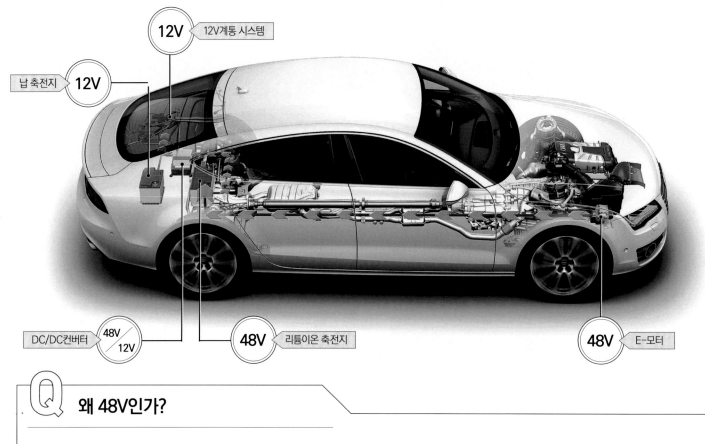

왜 48V인가?

소비전력이 3~4배가 되면, 48V 사용은 필수

카 내비게이션이나 냉난방 등과 더불어 EPS나 펌프 종류의 전동화 등으로 차량실내의 소비전력량은 늘어만 가고 있다. 현재, 고급차에서는 실내 소비전력이 3kW까지 높아진 상태이다. 3.6kW 정도까지는 교류발전기의 발전량을 높이려는 개발이 진행 중이지만, 그 이상의 대용량화는 현실적으로 어렵다. 교류발전기가 위치하는 엔진룸 안은 공간적인 경쟁이 심해 부품을 크게 만들 수 없기 때문이다. 더구나 앞으로 소비전력은 3~4배로 증가할 가능성이 높다. 15kW 정도에 대응하기 위해서는 48V 사용이 필연이다.

48V 사용은 유럽 쪽의 추세. 이번에는 실현 가능?

한계. 자동차 속의 소비전력은 증가하는 추세인데 12V 계통으로 대응하려고 한다면, 이 단어밖에 생각나지 않는다. 얼마 전까지 교류발전기에서 발생시킨 전류값은 80A 정도였지만, 이제는 고급차의 경우 250A까지 올라갔다. 전류값이 상승하면 발열량이나 배선 중량이 증가하는 등의 부작용도 있다. 현 단계에서 발레오에서는 300A/3.6kW까지 소비전력량 개발을 진행하고 있다.

이미 한계라고 보이는데도, 고도운전지원 시스템이나 가변 현가장치, 심지어 자율운전 등의 도입을 감안하면,

소비전력은 3~4배로 높아질 것으로 예상된다. 48V를 사용하면 같은 전류라도 사용할 수 있는 전력량이 4배로 증가한다. 그런데 고전압화라고 하면, 예전에 미국의 MIT가 추천했던 "42V"의 실패를 떠올리는 사람도 많을 것이다.

「당시부터 소비전력 증가에 대한 대응이 과제였기 때문에, 고전압화가 도마 위에 올라갔습니다. 하지만 당시는 규정도 없었고, 인센티브도 없었습니다. 무엇보다 CO_2 배출량 규제라는 동기가 없었습니다」(발레오 트랜

스미션 비즈니스 그룹 R&D 디렉터 미셸 폴리에씨)

이번에는 독일자동차공업회(VDA)가 「LV148」의 규격책정을 검토 중이다. VDA는 강력한 로비활동을 벌이고 있는데, 메르세데스 벤츠, BMW, 아우디 등의 프리미엄 브랜드는 48V 사용을 추천하는 입장이다. 폭스바겐, PSA, 포드도 48V 사용에 열심인 자세를 보이고 있다. 이제 48V 사용 추진은 유럽 전체의 움직임이라고 해도 과언이 아니다.

또한, 과거의 42V 제안은 카 일렉트로닉스 전체를 변

48V를 사용하면 어떻게 되나?

■ 비용을 억제해 최대 30%의 고효율화가 가능

CO_2 배출량 120g/km까지는 효율을 높인 내연기관에 스톱&스타트 기구를 조합해 소화할 수 있다. 95g/km 이하로 규제가 진행되는 단계에서는 전기화가 필수이다. 앞으로 미국의 CAFE가 강화되고 일본이나 중국에서도 엄격한 규제가 시행되면, 풀 하이브리드화에 의한 대응은 가능하지만, 전지나 배선 등이 가격상승의 요인이 된다. 48V를 사용하면 1000 유로 정도의 가격 상승으로 20~30%를 고효율화를 달성할 수 있다. D세그먼트를 시작으로 적용되다가 B/C세그먼트까지 확대될 것으로 예상된다.

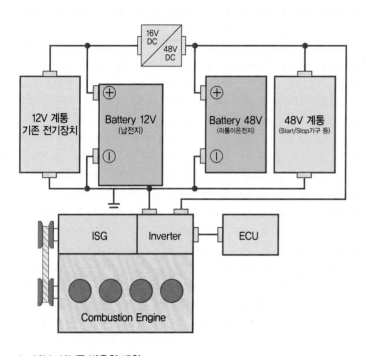

◉ 12V-48V를 병용할 계획

스타터·제너레이터로는 발전과 엔진 시동을 담당하고, 리튬이온 전지로는 48V 계통에 전력을 공급, DC-DC컨버터를 매개로 전압을 낮춰 12V 계통에 공급한다. 발레오에서는 DC-DC컨버터, 배선, 시동모터, 발전기, 엔진 매니지먼트 등의 기술과 더불어 전지회사와의 제휴를 통해 비용을 억제한 시스템을 제안한다.

◉ DC/DC 컨버터

자동차에서는 익숙하지 않은 부품이지만, 가전 세계에서는 휴대용 충전기나 컴퓨터의 전원 등에서 직류변압을 위해 사용되고 있다. 스위칭 소자를 통해 직류를 펄스화한 다음, 이를 연결해 실제와 비슷하게 교류로 판단함으로서 필요한 전압출력을 확보한다.

◉ 엔진·파워 트레인 컨트롤 유닛

ECU(Engine Control Unit)는 점화나 연료분사 타이밍, 스로틀 개도, 과급압, 밸브 타이밍/리프트 기구, 시동 모터 등, 엔진 주변의 부품을 억제한다. 전기신호를 통한 직접 제어 외에, 솔레노이드 등의 액추에이터를 매개로 기계적으로 제어하는 것도 가능하다.

◉ 발레오 48V 마일도 하이브리드 도모카(DomoCar)

현행 하이브리드의 반 가격으로 15%의 연비향상을 추구하는 「하이브리드4 All」. Max.15kW의 ISG를 축으로 개발된 48V 시스템으로, 아이들링 스톱 기구, 회생 브레이크 및 토크 어시스트와 통합해 효율을 높임으로서 CO_2 배출량 95g/km 이하의 규제에 대응한다.

◉ 인터그레이티드 스타터 제너레이터

48V 시스템에서는 발전기와 시동 모터를 배제하고, 시동 모터를 겸임하는 벨트구동식 모터 제너레이터를 사용한다. 저속영역에서도 높은 토크를 공급할 수 있기 때문에 소배기량 엔진차량의 출력부족을 보완하기도 한다.

경하는 대수술이었다는 점도, 성공하지 못했던 요인이다. 비유하자면, 장기이식이 아니라 대동맥과 주요장기를 모두 바꿔야 하는 상황이었던 것이다.

「이번 제안에서는 12V계통은 남겨놓고, 대전력을 소비하는 계통을 48V로 바꾸는 것입니다. 2계통으로 갖고 가면 12V만 사용하는 것보다 가격은 올라가지만, 전체 다를 48V화하는 것보다는 범용성이 높아서, 소형차에서는 12V 계통을 사용하면서 저비용에 대한 기대를 가질 수도 있습니다」

MIT가 42V를 제안했을 무렵에는 아직 하이브리드가 등장하지 않았지만, 300V나 되는 고압을 사용하는 자동차가 나름대로 보급된 지금에 있어서는, "전기화(電氣化)"는 옵션이 아닌 상황으로 바뀌고 있다. 다만, 도요타 이외의 자동차 메이커에 있어서 아직 하이브리드 기구는 B세그먼트에 장착할 수 있는 가격대가 아니다. 전지 가격이 감당하기 어렵고, 60V 이상의 고전압을 다루려면 특별한 보호장치를 가진 커넥터나 절연이 필요하다.

「하이브리드로 바뀌면서 30%의 고효율화를 달성할 수는 있지만, 2000~4000 유로나 가격이 비싸집니다. 한편으로, 스타트&스톱 기구는 10~15%의 고효율화에 그칩니다. 48V를 사용하면 1000 유로 정도로 20~30%의 고효율화가 가능합니다. 가격과 필요성 양 측면에서 D세그먼트의 고급차부터 추진할 것 같지만, B/C세그먼트나 가솔린 차량보다 15% 정도 가격이 비싼 디젤 차량 등, 풀 하이브리드를 도입할 정도로 비용을 들일 수 없는 차량의 연비향상을 위해 48V 사용이 필요하다고 생각합니다」

최 신 사 례 3 **TOYOTA**

대용량 고성능전지로 얻을 수 있는 장점을 생각하다

—— 프리우스 PHV의 리튬이온 축전지

PHV라는 기호를 갖고 있는 프리우스. 거리에서 볼 수 있는 하이브리드 차의 대명사와는 무엇이 다를까.

도요타 엔지니어들이 노리는 플러스 알파의 장점은 생각했던 것보다 많았다.

본문 : 다카하시 잇페이   그림 : 도요타

● 많은 부분에서 서로 다른 PHV와 HV

프리우스 PHV에 탑재되어 있는 구동용 축전지 유닛(아래)과 파워 트
레인의 구성(우측). 위에 있는 통상형(HV사양) 프리우스와 비교하면,
두 차량의 가장 큰 차이라 할 수 있는 구동용 축전지가 대형화된 모
습을 알 수 있다. 그밖에도 외부 AC전원을 사용해 충전을 하기 위한
AC-DC컨버터나 충전제어 시스템 추가 등과 같은 하드웨어적인 변경
은 물론이고, PHV 특유의 제어에 대응하기 위해 PCU 내부 펌웨어(제
어용 소프트웨어)에도 손을 보고 있다. HV사양과 똑같아 보이는 보디
도, 구동용 축전지의 대용량화에 따른 중량 증가에 대응하기 위해 보디
개구부 일부에 레이저 용접(레이저 스크류 웰딩)을 사용한다.

● 프리우스 시리즈에 탑재하는 구동용 축전지의 사양

PHV의 축전지는 HV 축전지의 약 3.4배나 되지만, 니켈수소에서 리튬이온으로 바뀌
면서 무게는 2배 밖에 나가지 않는다. 더구나 양쪽 전압에 약간의 차이가 있는 것은,
니켈수소와 리튬이온의 셀 단독 전압에 차이가 있기 때문이다. 재미있는 것은 PHV
시작차에 탑재되어 있던 축전지의 사양이다. 생산형 PHV의 사양보다 대용량에 고전
압이지만, 중량과 용적(치수) 또한 상당한 것이었다. (시작차에서는) 셀 단독 전압이
3.6V인 것을 통해, 같은 리튬이온이면서 양극재(陽極材)의 재료 등과 같은 내부사양
이 변경되었다는 것을 알 수 있다.

차명	전지종류	셀			모듈			
		전압	용량	개수	전압	용량	중량	용적
프리우스PHV(시작차)	Li-ion	3.6V	15.05Ah	96	345.6V	5.2kWh	160kg	201ℓ
프리우스PHV(양산모델)	Li-ion	3.7V	21.5Ah	56	207.2V	4.4kWh	80kg	87ℓ
프리우스	Ni-MH	7.2V (1.2V×6)	6.5Ah	28	201.6V	1.3kWh	40kg	–
프리우스α	Li-ion	3.7V	5Ah	56	207.2V	1.0kWh	33kg	–

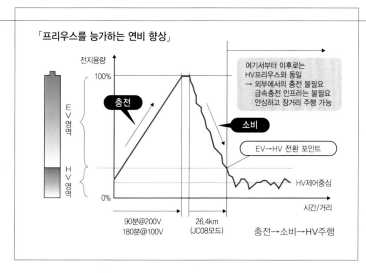

「프리우스를 능가하는 연비 향상」

여기서부터 이후로는
HV프리우스와 동일
→ 외부에서의 충전 불필요
　급속충전 인프라는 불필요
　안심하고 장거리 주행 가능

EV→HV 전환 포인트

HV제어중심

90분@200V
180분@100V
26.4km
(JC08모드)

충전→소비→HV주행

● 왜 연비가 향상되는가

프리우스 PHV를 사용하는데 있어서 구동용 축전지의 SOC(State Of Charge=충전상태) 변화를 나타낸 그래프. 그래프 좌측 경사면이 외부전압으로 충전할 때, 우측 경사면이 주행할 때를 나타낸다. (통상형 HV 보다도) 대형화된 구동용 축전지 용량의 "여유"분을 이용해, SOC의 높은 부분을 「EV영역」으로 삼아 EV 주행을 하고, 충전율이 떨어져 「EV→HV 전환 포인트」를 밑돌아 "HV영역"으로 들어가면 엔진을 같이 사용하는 HV주행으로 이행, 구동용 축전지의 SOC는 「HV제어중심」 근방을 유지하도록 제어하게 되어 있다. 엔진을 최대한 사용하지 않는 EV영역에서의 주행가능거리는 JC08모드에서 26.4km. 대용량 축전지 덕분에 이 EV영역의 존재는, 연비 지표인 주행거리와 기술린 소비량 관계에 유리하게 작용한다.

● 플러그 인 하이브리드 연비 61.0km/ℓ 의 산출

연료를 최대한 소비하지 않는 EV영역을 가진 PHV에서는, 연료소비량과 주행거리 관계 상 연비평가를 그대로 적용하기가 어렵다. 플러그 인 충전 후의 주행거리에 의해 구성요건 조건이 시시각각 변화해 가기 때문이다. 예를 들어 주행거리가 짧아서 EV영역 내에서만 주행한다면 연료를 소비하지 않게 되고, HV영역에서의 주행거리가 길어지면 당연히 연료소비 없이 주행한 EV영역의 비율이 작아진다. 그래서 PHV에서는 국토교통성이 정한 「복합연비」 평가기준을 이용하고 있다. 이것은 JC08모드에서의 EV영역의 주행가능거리와 통계 데이터로부터 「유틸리티 팩터」 (모든 사용자의 사용조건 하에 있어서 EV영역이 차지하는 비율)로 불리는 계수를 정하고, HV주행 때의 연비를 토대로 계수를 이용해 산출하는 방식이다. 프리우스 PHV의 HV주행 연비는 31.6km/ℓ, 유틸리티 팩터는 0.483, 즉 주행전체에서 차지하는 HV영역의 비율은 0.517이 되고, 복합연비는 31.6×(1÷0.517)=61km/ℓ 가 된다.

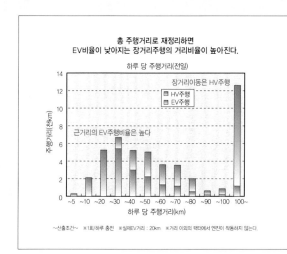

총 주행거리로 재정리하면
EV비율이 낮아지는 장거리주행의 거리비율이 높아진다.

하루 당 주행거리(전일)

장거리이동은 HV주행
□ HV주행
□ EV주행

근거리의 EV주행비율은 높다

주행거리(천km)

하루 당 주행거리(km)

~산출조건~　※1회/하루 충전　※실제EV거리: 20km　※거리 이외의 팩터에서 엔진이 작동하지 않는다.

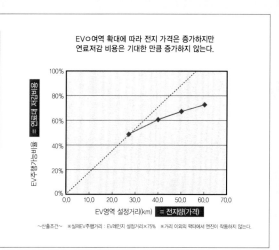

EV의역역 확대에 따라 전지 가격은 증가하지만
연료저감 비용은 기대한 만큼 증가하지 않는다.

EV주행가능비율 = 연료비 저감효과

EV영역 설정거리(km) = 전지량(가격)

~산출조건~　※실제EV주행거리: EV레인지 설정거리×75%　※거리 이외의 팩터에서 엔진이 작동하지 않는다.

● EV주행거리 26.4km는 어떻게 정했을까?

PHV라는 형태는 거의 전례가 없어서 지표로 삼을 만한 정보가 부족했기 때문에, 구동용 축전지 용량을 설정하는 일은, 프리우스 PHV를 개발하는데 있어서 중요하고 어려운 주제 중 하나였다. 그래서 도요타에서는 자동차 사용상황에 관한 통계를 근거로 삼아, 국내외에서 실증실험을 통해 검증해 나가면서 26.4km라고 하는 EV주행가능거리와, 거기에 필요한 축전지 용량을 결정해 나갔다고 한다. 주행용 축전지의 용량을 늘려 가면 EV영역의 주행거리가 늘어나긴 하지만, 중량증가로 인해 주행거리에 대한 전력소비가 증가하는 등, 효율적인 장점이 줄어들기 때문에 비용을 포함한 종합적인 균형도 고려하고 있다.

기본 프리우스의 장점을 더 극대화해 지구환경 개선을 지향하다

PHV(Plug in Hybrid Vehicle)뿐만 아니라, 전동 파워 트레인을 탑재하는 자동차에 있어서 구동용 축전지 이 용량을 설정하는 것은 중요한 의미를 갖는다. 용량이라는 한 면만 갖고 말하자면, 큰 것보다 좋은 것은 없지만, 현실적으로는 축전지가 커지면 중량과 가격이라는 문제가 따라 온다.

중량이 커지면 주행거리 당 전력소비량(電費)이 증가하게 되어, 목적인 주행거리 신장률이 떨어진다. 경우에 따라서는 전비나 연비에 의해 얻을 수 있는 장점을 (축전지 대형화에 따른) 가격이 능가하게 되는 본말전도의 결과가 초래될 수도 있고, 다 사용하지 못하는 대용량은 자동차가 그 수명을 다할 때까지 여분의 「잉여물」 (=부하)로 남게 된다.

축전지가 무겁고 또 비싼 현재 상황에서, EV로 주행하면서 축전지의 충전율(SOC)이 떨어지면 HV로 전환해 주행을 계속하는 PHV는, 이런 축전지 문제를 해결하는데 있어서 무엇보다 협실적인 해결책 가운데 하나라고 할 수 있다. 그런 선구적 존재가 프리우스 PHV라 할 수 있는데, 26.4km라고 하는 EV주행가능거리와 그것을 가능하게 하는 축전지 용량의 설정은 정보수집과 시행착오 그리고 고심을 거듭한 결과라고 한다.

도요타가 프리우스 PHV 축전지 용량에 애썼던 데는 기존의 HV사양 프리우스의 존재가 크다. 효율을 향상시키는 것으로 정평을 구축하고 있었던 동 모델의 장점을 최대한으로 살리기 위해, 축전지의 대형화는 최대한 억제할 필요가 있었던 것이다. 이렇게 하여 결정한 축전지 용량이 상단 표이다. HV 주행할 때의 연비는 31.6km/ℓ로, HV사양의 통상형도 프리우스 PHV 사이에 의외라 싶을 만큼 상이점이 많다는 것은 좌측 페이지에서 설명한 대로이지만, 사실은 회생이라는 면에 있어서도 축전지 차이 때문에 얻어지는 흐과가 다르다 이것은, 축전지 용량이 작은 HV사양이라면 완전 충전에 도달할 것 같은 장면에서도, PHV에서는 대용량을 살려 회생을 계속할 수 있기 때문이다. 사용방법에 따라서는 일단 EV주행을 마친 다음에 다시 EV주행으로 돌아올 수도 있다고 한다.

「지구환경을 위해서는 보급하는 것이 중요하다」라며, 현실적인 기술로 숙성된 프리우스 PHV. 그런 정신은 정확한 용량으로 콤팩트하게 위치한 축전지에도 나타나 있다.

도내 모 백화점에서 쇼핑을 하는 동안 충전을 해보았다. 전기가 다 없어질 우려가 없는 플러그 인 하이브리드는, 순수 EV처럼 충전시설을 찾으려 애쓸 필요가 없다. 용건을 다 마친 다음에 충전하고 싶으면 하면 된다.

 MFi **드라이빙 리포트** ▶▶▶ 도요타 **프리우스 PHV**

이상과 현실의 교차점

왠지 모르게 「EV와 HV의 중간적 존재」 정도의 인식밖에 없었던 프리우스 PHV.
실제로 보면, 외부에서도 충전할 수 있다는 점이 어느 만큼의 장점을 실감시킬까?
시내에서 교외까지, 4일 동안에 걸쳐 달려보았다.

본문 : 고이즈지 겐지(MFi)   사진 : 미야카도 히데유키

외부에서도 충전할 수 있다는 플러그 인 하이브리드는, 정말로 「사용할 수 있는」기능일까? 보통 하이브리드는 안 되나? 이왕이면 EV 쪽이 좋지 않나? 등등. 사실은 많은 사람이 품고 있을만한 이런 의문을, 일상적인 교통수단으로 사용함으로서 확실히 하고 싶다는 생각이 이 글의 주제이다. 담당자의 집은 편집부에서 편도 8km 정도로, 카탈로그 수치 「26.4km」를 믿는다면, 엔진을 전혀 가동시키지 않고 왕복할 수 있는 거리이다.

첫째 날, 도요타 자동차에서 빌린 프리우스 PHV를 편집부의 AC200V 콘센트로 충전한다. 완전 방전된 상태라면 AC200V로 약 90분, AC100V로 약 180분이면 충전이 완료된다. 밤이 되어 완전 충전 상태에서 편집부를

나선다. 어쨌든 오늘 밤의 임무는, 정말로 EV주행으로만 왕복할 수 있느냐를 확인하는 것이다. 도중에 집과는 반대방향으로 약 1.5km 정도 떨어진 인쇄소에 들러서 원고를 넘긴 다음 다시 출발. 편집부에서 입고 나온 웃옷을 벗고는 무심코 에어컨 스위치를 넣었더니… 부르르하고 떤다. 어라? 지금 엔진이 걸렸나? 그도 그럴 것이, 프리우스 PHV의 히터는 순수 EV와 달리, 열원을 라디에이터에서 가져오는 전통적인 방식이다. 한 겨울에 에어컨을 켜면 바로 엔진 시동을 거는 구조인 것이다.

그런 이유로 오늘 밤 미션은 어이없이 실패. 그대로 에어컨을 켠 상태로 귀가했다. 적당히 정체가 발생하는 상황에서, 잠시 들르는 것까지 포함해 10.5km를 주행. 평

균속도는 18km/h에, 연비는 23.8km/ℓ 였다.

다음날 아침에도 에어컨을 켠 상태로 집을 출발한다. 당연하지만 엔진은 바로 시동이 걸렸지만, 잠시 후에는 멈추었다. 히터기능에 충분한 상태까지 라디에이터가 뜨거워지자 알아서 멈추는 것 같다. 이날은 전날보다도 따뜻한데, 심지어 밤과 낮의 차이도 있었을 것이다. 엔진이 멈추는 상황도 있었기 때문에 연비도 좋아져, 편집부에 도착한 시점에서 28.0km/ℓ 까지 좋아졌다. 왕복 18.6km를 주행하고, EV주행가능거리는 4.4km로 표시되어 있었다.

그리고 이틀 째 밤~사흘 째 아침은 전날의 반성을 되새겨, 에어컨을 완전 끄고 EV로만 왕복 성공. 귀가할 때

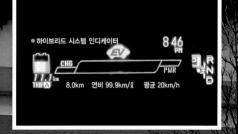

스마트폰용 어플리케이션 「eConnect」를 사용하면 자동차에서 떨어져 있어도 충전상태 확인이나 에어컨을 조작할 수 있다. 충전가능 장소 등도 쉽게 검색할 수 있다.

편집부에서 담당자 집까지는 8km이기 때문에, EV주행만으로도 충분히 왕복할 수 있었다. 엔진이 걸리지 않도록 주행하면, 화면처럼 99.9km/ℓ로 나타내는 것도 가능하다.

주행할 때마다 충전하면 상황에 따라서는 거의 연료를 소비하지 않고 계속해서 사용할 수 있다. 도시 내에서 주로 사용한다면, 주유소에 들릴 기회는 격감할 것이다.

EV주행가능거리 표시는 11.1km, 다음 날 아침 출근할 때는 2.8km에, 연비는 99.9km/ℓ였다. 물론 실제로는 가솔린을 한 방울도 사용하지 않는다. EV주행으로 오로지 어디까지 달릴 수 있는지를 테스트하는 것은 PHV의 취지에서 벗어난다는 느낌은 들지만, 어쨌든 왕복 16km의 통근길에서는 가솔린을 사용하지 않고 왕복할 수 있다는 것을 증명한 것이다.

그건 그렇다 치고, 아주 조용한 주택가에서는 EV주행의 조용함이 상당히 고맙게 느껴진다. 이런 생각은 특히 집에 가까울수록 더하다. 자동차 소음이라는 것이 빠르게 지나가면 의외로 신경이 안 쓰이고, 오히려 차고에 넣을 때 등과 같이, 음량은 작아도 오랜 시간 계속될 때가

귀에 거슬리는 경우가 많다. 거기에 이웃집까지 피해를 줄 수 있다는 점을 감안하면 EV주행의 고마움이 더 다가온다.

또한 시트 히터와 스티어링 히터의 작동이 발군인데, 게다가 스위치를 켜고 나서 따뜻해질 때까지 얼마 안 걸렸다는 점도 언급하고 싶다. 시승할 때는 관동지방이 몇십 년만의 폭설에 뒤덮인 직후였는데, 에어컨을 오프로 하고도 추위가 많이 느껴지는 감각은 아니었다. 심지어 이런 상황에서 피부나 옷으로 전해오는 온기 기능은 공조 히터보다도 적은 에너지로 효과를 더 본다고 하니, 그런 장비를 적극적으로 사용하는 편이 효율이 좋을 것 같다.

그런데 3일 째는 다른 페이지 촬영까지 겸해 교외로

나가게 되었다. 목적지는 가나가와현의 마나즈루부터 하코네까지로, 수도권에 거주하는 사람이 운전하는 거리로는 아주 장거리에 속한다.

도메이고속도로, 오다하라 아츠기도로, 국도135호선을 거쳐 마나즈루로 향한다. 앞서 말한 대로 히터의 열원을 취할 필요가 없으면 고속주행에서도 엔진이 걸리지 않는다. 카탈로그 상에서는 100km/h까지 EV주행이 가능하다고 되어 있지만, 실제로는 90km/h에서 엔진이 걸린 경우가 있는가 하면, 105km/h 정도까지 걸리지 않은 경우도 있었다.

프리우스와 비교해 가장 싼 모델끼리는 90kg, 최상급 모델끼리는 40kg이 무거운 탓도 있어서인지, 승차감은

눈으로 뒤덮인 하코네 언덕의 도로 역에서 충전기를 발견. 충전 중에 지나가던 부부로부터 질문 세례를 받았다. 앞으로 이런 시설이 늘어나면 EV주행영역을 더 넓힐 수 있다.

■ 재해가 일어났을 때도 강점을 발휘

실내 2군데(센터콘솔과 좌측 C필러)에 설치된 AC100V·500W 액세서리 콘센트(위 사진)를 옵션으로 선택할 수 있는 것은 프리우스와 똑같지만, PHV에는 세트로「비클 파워 커넥터」(아래 사진)라 불리는, 충전구에 삽입해 차외용 전원으로 사용할 수 있는 부품도 갖춰져 있다. 정전 때 귀중한 전원으로 사용할 수 있는 것은 물론이고, 전기료가 싼 야간에 충전하고 낮에 사용하는, 현명한 활용 방법도 있다.

상당히 차분하다. 특히 고속으로 주행할 때 도로단차에서 전해져 오는 느낌이 부드럽게 억제된다는 느낌이었다.

순수 EV라면 항상 충전시설을 의식하면서 운전해야 하지만, PHV라면 그런 걱정이 전혀 없다. 21km 정도를 달린 시점에서 EV모드가 끝나고, 그대로 HV모드로 전환되었다. 잔량을 걱정하지 않고 주행거리를 계속 늘려갈 수 있다는 점은 순수 EV에서는 불가능한 기능이다.

하코네 도로의 역에서는 생각지도 못한 충전시설을 발견. 즉각 충전을 하자 다시 EV모드로 주행하는 것이 가능해졌다. 이것이 가능하기 때문에 PHV가 효과가 있는 것이다. 가능한 EV로 달리다가, 필요할 때는 엔진의 도움을 빌려 전력이 부족해지면 하이브리드가 된다. 그리고 야외에서 충전이 되면 또 EV모드로 복귀할 수 있다. 이런 반복을 통해 대폭적인 연비 향상이 이루어지는 것이다. 게다가, 가령 충전시설이 없어도 EV모드 영역이 존재하는 이상, 하이브리드보다도 확실하게 소비연료와

CO_2 배출량을 줄일 수 있다. 그런데도 불구하고 EV에 따라다니는 전기방전 걱정도 없는 것이다.

도쿄로 돌아온 시점에서, 이번 단거리 이동 연비는 24.7km/ℓ. 시내나 교외 모두 숫자가 별로 변하지 않은 것이 하이브리드의 특징이긴 하지만, PHV는 연비가 엄격한 시내에서의 엔진가동을 EV모드를 통해 효과적으로 억제할 수 있기 때문에, 그런 경향이 더 강하다고 말할 수 있을 것 같다.

EV와 하이브리드의 좋은 점을 가져온 것은 말할 필요도 없지만, 그래도 어느 쪽이냐 하면「엔진도 장착된 EV」가 아니라「하이브리드를 추구한 모습」, 이것이 3일 동안 PHV를 사용한 인상이다. 빈 시간을 이용해 구동용 축전지를 마음대로 완전 충전할 수 있다는 점이 하이브리드의 관리 폭을 넓히고 있다. 그리고 적어도 현시점에 있어서 그것은 순수 EV보다도 훨씬 사용자 친화적이라고 느꼈다.

▼ 카탈로그 상의 공식 EV주행거리는 26.4km

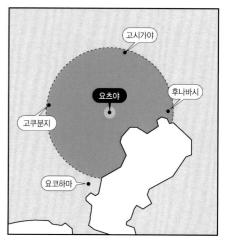

26.4km라면 구체적으로 어느 정도의 거리일까? 편집부가 있는 도쿄 요츠야를 기점으로 하면, 직선거리로 동쪽으로 나라시노, 북쪽으로 고시가야, 서쪽으로 고쿠분지, 남쪽으로 요코하마시 미나토 북구 정도까지이다. 물론 최단거리를 그대로 달릴 수 있는 것은 아니지만.

도쿄도를 빠져나와 마나즈루로 발길을 옮겨보았다. 시가지가 주요 활동무대인 순수 EV에 비해, PHV는 장거리에서도 강점을 발휘할 수 있다. EV주행 영역이 존재하는 이상, 하이브리드보다도 연비에 있어서 확실히 유리할 뿐만 아니라, 전기를 다 소비해 운행이 안 될 염려도 없다.

도요타 **프리우스 PHV** —— 하이브리드의 진화형, 그것이 PHV

프리우스에 플러그 인 기능을 추가함으로서, 하이브리드와 EV 양쪽의 장점을 융합시킨, 말하자면 하이브리드의 진화형이라고도 할 수 있는 프리우스 PHV. 하드적인 면에 있어서 프리우스와 가장 큰 차이점은, 구동 축전지가 니켈수소에서 리튬이온으로 바뀌었다는 점이다. 그 밖에 보디 강화나 인테리어 업그레이드 등, 여러 가지 개량이 반영되어 있다. 한편, 엔진이나 모터 자체는 프리우스와 똑같다.

플러그 인 하이브리드 주행 때의 JC08모드 연비는 61.0km/ℓ(S 및 L 그레이드)로서, 이것은 외부충전전력을 이용한 주행, 그리고 하이브리드 주행 연비에 국토교통성이 정한 플러그 인 주행의 기여비율(Utility Factor)를 곱해 복합시킨 대표연비 값이다. 하이브리드 주행에 있어서 JC08모드 연비는 30.8~31.6km/ℓ로, 프리우스의 30.4~32.6km/ℓ와 거의 똑같다. 거기에 EV모드를 함께 이용하면 확실하게 프리우스의 연비를 능가할 수 있다.

전폭 1745mm

전장 4480mm

전고 1490mm

■ 주요제원표

차종	프리우스 PHV G 레더 패키지	
치수·중량	전장(mm) : 4480	
	전폭(mm) : 1745	
	전고(mm) : 1490	
	휠베이스(mm) : 2700	
	트레드(mm) : Ⓕ1525/Ⓡ1520	
	차량중량(kg) : 1440	
	승차정원(명) : 5	
엔진	형식 : 직렬4기통 DOHC	
	내경×행정(mm) : 80.5×88.3	
	총배기량(cc) : 1797	
	최고출력(kW[ps]/rpm) : 73[99]/5200	
	최대토크(Nm[kgm]/rpm) : 142[14.5]/4000	
	연료공급장치 : 전자제어식 연료분사장치	
	사용연료 : 무연 보통	
	연료탱크용량(ℓ) : 45	
쿠동 모터	종류 : 교류동기전동기	
	정격출력(kW) : 18.0	
	최고출력(kW[ps]) : 60[82]	
	최대토크(Nm[kgm]) : 207[21.1]	
구동 축전지	종류 : 리튬이온	
	전압(V) : 3.7	
	용량(Ah) : 21.5	
	개수 : 56	
	총전압(V) : 207.2	
	총전력량(kWh) : 4.4	
변속기 형식	전기식 무단변속기	
구동방식	FF	
조향장치 방식	랙&피니언	
현가	Ⓕ맥퍼슨 스트럿/Ⓡ토션빔	
브레이크	Ⓕ벤틸레이티드 디스크/Ⓡ디스크	
타이어 사이즈	195/65R15	
JC08모드 연비	플러그 인 하이브리드(km/ℓ) : 57.2	
	하이브리드(km/ℓ) : 30.8	
가격	4천만원	

대시보드 디자인에서 스탠더드 프리우스와의 차이는 거의 찾아볼 수 없다. 특징적인 2단식 센터콘솔은 상단에 시프트 레버가 달려 있고, 하단에는 지갑이나 휴대전화 등을 놓을 수 있게 트레이로 되어 있다.

트렁크 공간은 443ℓ로서, 스탠더드 프리우스와 비교해 3ℓ 밖에 줄어들지 않았다. 이런 유틸리티 확보는 최신기술 보급이라는 관점에서도 의미가 깊다. 뒤 시트는 6:4분할 접이식이다.

PHV는 모든 그레이드에 앞좌석 시트히터가 표준장비이다. 성능은 발군이어서, 스티어링 히터(가장 싼 L 그레이드를 제외하고는 표준장비)와 같이 사용하면 한 겨울 5℃ 이하의 밤 동안에도 아주 쾌적하게 보낼 수 있다.

자율운전기술은
어디까지 진화했나?

본문 : 마키노 시게오   사진 : BMW / 메르세데스 벤츠

자동차의
근본적인
초점
issue.

어렴풋하게나마 그 윤곽이 확실하게 그려진 자율운전.
현재, 전 세계의 메이커나 부품회사가 격전을 벌이며 개발을 진행하고 있다.
이미 부분적인 자율운전기술은 시장에 투입되기 시작해,
2020년에는 고속자율운전이 실용화될 것으로 예상하고 있다.
카운트다운이, 드디어 시작된 것이다.

독일 자동차 메이커들은 자율운전을 주행시험장에서 자주 실행하고 있다. 위 사진은 BMW의 데모주행이다. 젖은 노면 위에서 핸들에서 손을 완전히 떼고 있는 드라이버. 차량 뒷부분은 미끄러지고 있지만, 전륜은 코너의 출구방향으로 향하고 있어서 마치 전문 드라이버가 운전하고 있는 것처럼 깔끔한 궤적을 그리면서 달리는 모습이다. 핸들과 가속페달/브레이크 페달 조작, 즉「진로」와「차속」관리는 모두 운전자의 손을 벗어난 상태이다. 그리고 안전하게 피트레인(Pitlane)으로 들어가, 거기서 정지한다.
　자율운전의 최종목적은「아무렇지 않게 달리는

각사 모두 목적은 동일
이념과 접근방법에 차이가 있을 뿐

것」일 것이다. 특별한 제어가 이루어지는 것을 운전자는 느끼지 못한다.「어? 왜 여기서 감속하는거지?」하고 궁금해 하던 다음 순간, 차도로 나오려고 하는

보행자를 운전자가 발견하거나, 옆길에서 진입하려고 하는 자동차를 발견하면「아하, 그래서 감속을 했구나」하고 생각한다. 그러나 아무 일도 일어나지 않

는다. 아주 보통으로 달린다. 이런 자동제어를 실현하는 것이, 어쨌든 자율운전차량 개발의 목표라고 할 수 있다.

왼쪽 사진을 분석해 보자. 자동 역조향 제어는 BMW가 어댑티브 스티어링을 실용화한 단계에서 이미 기능으로 들어가 있었다. 충돌이나 차선이탈을 피할 수 없을 것 같은 상황에서는 운전자의 조작을 덮어 쓰듯이 자동 조향 제어가 개입했었다. 그렇기 때문에 특별히 어려운 것은 아니다. 후륜의 횡 슬립은 바퀴속도 센서로 감지하고, 나아가 차량의 요 레이트 변화와 계속 비교하면 상당한 징확도로 감시가 가능하다. 다만, 차량에는 요 레이트 관성 모멘트가 있어서, 실제로 발생한 요 레이트(Yaw rate)를 보는 것만으로는 시간적인 지체가 약간이나마 생긴다. 그래서 차량자세제어를 담당하는 ECU 내에 미리 저장된 차량제원 및 운동특성정보, 소위 말하는「카 모델」과의 조회비교, 수시연산, 장래예측에 기초한 피드포워드(feedforward) 제어와 같은 작업이 수시로 이루어진다.

어떤 차선을 달릴 것인지에 대한 판단은, 카메라에 의한 인식과 디지털 지도 데이터를 조회해서 한다. 보행자나 다른 차량 같은 장애물이 없기 때문에 레이더로 장애물과의 상대거리를 감시하지 않아도 된다. 다만, 카메라에 직접 햇빛이 비치는 역광일 때는 차선인식기능이 상실되기 때문에, 레이더와 함께 이용하는 것이 바람직하다. 이 기능은 어댑티브 크루즈 컨트롤의 연장선에서 실현할 수 있다. 가장 중요한 것은 코스의 디지털 지도이다. 도로의 곡률과 도로폭을 알고 있으면 제어하기가 쉽다.

노면상황은 어떻게 볼까. 현재 시판차량에 장착되어 있는 프리크래시 세이프티 시스템(자동 브레이크)용 카메라는 해상도와 화상처리속도 관계 상 젖어 있는 노면을 인식하는 것이 어렵다. 외부온도 센서와 함께 사용하면 동결예측은 가능하겠지만, 코스 전체의 노면 상황을 파악하려면 카메라 해상도와 화면처리속도를 비약적으로 향상시킬 필요가 있다. 무엇보다 이 부분의 연구개발은 굉장할 정도의 속도로 진행 중이다.

□ 메이커에 따라 달라지는 미래도

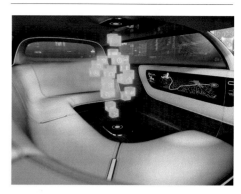

좌측 페이지 사진에서 알 수 있듯이, BMW는 자율운전을 사용한 드리프트를 시연하는 등, 의연하게 한 발 앞선 즐거움을 보여주고 있다. 한편으로 메르세데스 벤츠는 라운지 같은 실내공간을 가진 컨셉트 카로 자율운전 가능성을 제안하고 있다.

하나하나의 요소기술은 현대에서도 서킷이나 고속도로에서 자율운전을 감당할 만한 수준까지 올라와 있다. 다만, 서킷을 자동으로 달리는 것은 자율운전의 목적이 아니다. 서킷은 운전자의 역량을 측정하는 장소이고, 실험을 위한 필드이다. 일반도로와 완전히 차단된 코스에서의 자율운전은 이미 실용화 영역에 도달해 있다는 것을 증명한 것에 지나지 않는다. 문제는 그 다음이다.

어댑티브(액티브) 스티어링이나 자동 브레이크도 운전자 지원을 위한 장비이다. 그러나 기능 확장을 통해 운전자가 없이도 운전이 가능하게 할 수 있다. 어떻게 달리게 할지, 어디까지 지원할지는 자동차 메이커에 따라 견해가 다르다. 따라서「자율운전기술은 어디까지왔나」하는 명제의 논점은「어떤 기술을 어떻게 조합해서 운전지원 영역을 어디까지 확장시킬 수 있는가」라는 말로 집약할 수 있다. 이미 개발은 진행 중으로, 각 기술에「하고 싶은 것」과「할 수 있는 일」간의 간극을 메우고 있다. 목표를 정하는 것은 이념인 것이다.

□ SAE 인터내셔널에 의한 자율운전 수준(안)

수 준	0	1	2	3	4	5
명 칭	No Automation	Driver Assistance	Partial Automation	Conditional Automation	High Automation	Full Automation
개 요	운전자가 모든 운전조작을 항상 제어한다. 경고나 시스템에 의한 보조가 있는 경우도 포함한다.	특정 상태에 있어서, 하나의 시스템이 조향 또는 가감속을 제어한다. 운전자는 나머지 모든 것을 제어한다.	특정 상태에 있어서, 단수 혹은 복수의 시스템이 조향 및 가감속을 제어한다. 운전자는 나머지 모든 것을 제어한다.	특정 상태에 있어서, 자동운전 시스템이 모든 운전조작을 제어한다. 한편, 운전자가 운전재개 요구에 적절하게 대응하는 것을 기대한다.	특정 상태에 있어서, 자동운전 시스템이 모든 운전조작을 제어한다. 운전자가 운전재개 요구에 적절하게 대응하지 않을 경우에도 대응한다.	운전자가 운전할 수 있는 모든 도로환경에 있어서, 자동운전 시스템이 항상 모든 제어를 담당한다.
기본조작	운전자	운전자	시스템	시스템	시스템	시스템
모니터링	운전자	운전자	운전자	시스템	시스템	시스템
백 업	운전자	운전자	운전자	운전자	시스템	시스템
시스템작동환경	몇 가지 운전모드	몇 가지 운전모드	몇 가지 운전모드	몇 가지 운전모드	몇 가지 운전모드	모든 운전모드

현재 SAE, OICA, NHTSA, VDA, 국토교통성 같은 각 기관이 자율운전 수준분류 지표를 제안하고 있다. 전체적으로 서로 대략적인 내용은 유사하다. 수준 4 이상이 일반적인「자율운전」인식에 가까울 것이다.

※ 녹색 부분이 자율운전

Continental

일본의 도로에서도 실증실험을 시작!

콘티넨탈은 유럽과 미국, 일본에서 고속도로 자율운전 차량의 공도실험을 수행하고 있는데, 일본에서도 8000km 이상을 달렸다.
도로환경과 교통사정이 서로 다르기 때문에, 일본에서의 테스트는 큰 의의가 있다고 한다.
2020년 고속도로 상의 자율운전 실용화를 목표로 하고 있는 콘티넨탈에 현재 상황에 대해 물어보았다.

본문 : 마키노 시게오　　사진 : 콘티넨탈 / MFi

MFi : 도로 실험차량에는 어떤 장비가 탑재되어 있을까요?

콘티넨탈(이하=C) : 최신 센서종류는 없습니다. 차량은 구형 파사트이고, 장비는 2009년 시점 것들입니다. 0~50km까지를 감시하는 단거리 레이더를 앞뒤 범퍼의 코너에 총 4개, 200m까지 감시하는 77GHz대의 장거리 레이더를 1개 장착하고 있습니다. 이것들로 물체까지의 거리를 측정합니다. 물체 형상과 도로의 흰 차선 인식은 기선(基線)길이 260mm의 스테레오 카메라로 합니다. 이미 실용화되어 있는 센서들입니다.

MFi : 센서가 감지한 정보를 처리하는 소프트웨어는 어떤 것입니까?

C : 우리들의 콘셉트는 「도메인 구조」입니다. 먼저 인터페이스를 통일해 정지물체, 움직이는 것, 도로의 흰 차선 같은 정보를 ECU에 모은 다음, 여기서 퓨전(융합)해 필요한 데이터를 간추립니다. 그 데이터를 토대로 「어떤 제어를 할지」를 기획(Planning)합니다. 이 감지(Sensing)와 기획이 활동영역(Domain)입니다. 그리고 기획된 지령을 실행할 때는, ECU에 입력된 명령(Command)과 조회해면서 올바른 제어가 되도록 수시연산으로 수정을 합니다. 몇 개의 폴더가 있고, 거기에 몇 개의 파일이 들어 있어서, 지금 이용할 수 있는 폴더를 끄집어내는 식의 이미지입니다.

□ 2025년, 고속도로 완전자동 운전을 지향

2016년에 고속도로 상의 부분적 자율운전, 포기 허용 운전자 기능이 도입된다. 2020년에는 고속도로에 한해 자율운전을 실용화할 계획인데, 그 때도 고속도로 진입은 완전자동이 안 된다고 한다. 해결해야 할 문제는 상당히 많다.

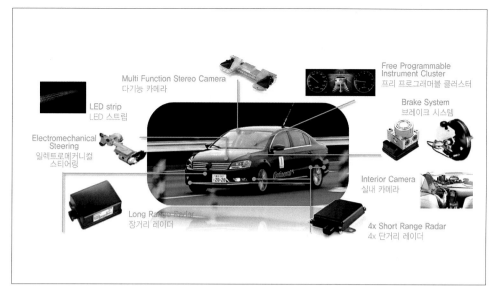

□ 하드는 모두 기존 부품들을 사용

현재의 콘티넨탈 자율운전 실험차량은 이런 장비들을 탑재하고 있다. 하드웨어는 모두 실적이 있는 제품들로서, 이것들을 사용해 기능을 어디까지 확장시킬 수 있는지 실험하고 있다. 차세대 하드웨어는 상당히 고성능이 될 것 같다. 부족한 것은 도로나 도로관리자 및 주변을 달리는 자동차와의 통신기능이다. 외부 데이터를 입력시키면 가능성은 훨씬 높아진다.

□ HMI와의 연동을 적극적으로 추구

앞 유리 하단에 풀 컬러 LED를 배치하고, 여기서 운전자에게 정보를 보내는 HALO를 개발했다. 자율운전 중에도 운전자에게 주의를 환기시키기 위해, 빛과 소리를 사용한 HMI(Human Machine Interface)에 몰두하고 있다.

MFi : 예를 들어 역광 때문에 카메라를 한순간 사용할 수 없게 되더라도, 레이더 정보로 카메라를 보완할 있다는 것입니까?

C : 그렇습니다. 사용할 수 있는 폴더는 하나가 아닌 것이죠. 그것과, ECU에 모든 정보를 모으긴 하지만, 완전히 중앙제어만 하는 것은 아닙니다. 개개의 디바이스가 지역적으로 실행할 수 있는 옵션을 갖고 있습니다. 어떤 자동차에나 대응할 수 있는 것이죠. 피드 포워드로 달리는 차선을 기획하고, 거기서 벗어나면 답을 맞춰가면서 미세조정을 하는 제어입니다.

MFi : 일본 특유의 사정이 있을까요?

C : 도로와 그 부대시설이 공유화되어 있지 않다는 것입니다. 고속도로에서도 흐릿한 백선이 있는데, 그 때문에 인식이 어려워집니다. 그리고 도로공사입니다. 1차선을 막을 때, 독일 같은 경우는 차선 양쪽에 비콘(beacon)이라 불리는 안내판을 배치해 자동차를 유도합니다. 실은 콘티넨탈이 가장 자신하는 기능이 공사구간을 안전하게 빠져나가기 위한 공사구간 주행보조라는 기능입니다. 비콘을 인식하면 거기에 가상의 차선을 긋고, 자동차를 그 안으로 지나가게 하는 것입니다. 그러나 일본은 편도로만 안내판을 놓기 때문에, 이 기능을 그대로는 이용하지 못하는 상황입니다.

MFi : 자동 차선변경은 가능합니까?

C : 차선을 변경하기 전에 먼저 카메라와 4개의 단거리 레이더로 자차 주변을 살핍니다. 빈 공간이 있으면, 그쪽을 향해 가상의 차선을 그린 다음, 조향을 지시를 하는데, 차량간(Vehicle to Vehicle) 통신을 하지 않으면 교통량이 많은 흐름 속에서는 무리입니다. 또한 자율운전으로 주행할 수 있는 영역을 넓히기 위해서는 V to X(Vehicle to X) 데이터 통신, 예를 들면 도로 쪽 센서나 클라우드 정보 등과의 연계가 필요하겠죠.

MFi : 그래도 현재 상태에서도 여러 가지 것들을 할 수 있으니까, 2020년에는 고속도로 상에서 자율운전을 실용화하겠다는 목표를 달성할 수 있을 것 같습니까?

C : 조만간 고속도로 위에서 부분적인 자율운전, 무슨 일이 생겼을 경우에 바로 운전자에게 주도권을 넘기는 「포기(give up) 허용형」자율운전이 실용화됩니다. 우리들은 이것을 하이웨이 쇼퍼(chauffeur)라고 부르고 있습니다. 그런 다음에 고속도로에 한해서 완전자율운전, 소위 말하는 ·「파일럿」을 2020년에 실용화할 계획이긴 하지만, 아직 많은 과제가 있는 것도 사실입니다.

MFi : 일반도로까지 포함한 자율운전은?

C : 2025년 이후가 될 것 같습니다. 고속도로에서의 파일럿은 무슨 일이 있어도 자동으로 계속 달려야 하기 때문에, 예를 들어 전방에 사고가 났을 경우는 그것을 피해서 달리게 됩니다. 갓길로 달려야 하는 상황이 될 수도 있기 때문에 당국의 허가가 없으면 안 되는 것이죠. 일반도로에서의 파일럿은 사람이나 자전거가 뛰어드는 상황까지 고려해야 하기 때문에 더 장벽이 높습니다.

MFi : 곧잘 듣는 이야기는, 사실은 차량탑재 카메라의 인물인식 대상이 한 사람인 경우에 한해서라는 것인데, 그렇습니까?

C : 카메라 해상도와 화상처리속도를 높이지 않으면, 주행 중의 「사람인식」은 아직 충분한 수준이 아닙니다. 물론 개발은 진행하고 있습니다.

MFi : 센서도 발전하고 소프트웨어도 계속 혁신이 이루어지고 있지만, 전력이 충분할지 모르겠군요.

C : 그런 걱정이 있습니다. 차량용 전원으로 48V가 필수라고 생각합니다.

콘티넨탈 오토모티브 시스템
기술총괄
선진차량기술 테크니컬
리드 매니저

스바키 코지

부품공급 메이커	발레오 	ZF 	마그나 	콘티넨탈 	보쉬 	히다치그룹
자동운전 개발방향	자동주차	세미자동운전 (고속 자동주행)	세미자동운전 (고속 자동주행)	고도의 ADAS	고속 자동주행	고도의 ADAS
최종목표(SAE기준)	레벨5 (무인주차)	레벨4	레벨4	레벨5 (까지의 기술을 제안하고 있지만, 자동차 메이커가 대응하고 있는지는 불명)	레벨4	레벨4
개 요	자사제품인 레이저 레인지 파인더를 축으로 삼아, 주차지원 연장선상에 있는 자동주차를 계기로 고도의 자동운전 실현을 지향한다.	카메라, 밀리파 레이더 등의 센서 기술 외에 TRW 매수를 통해 조향계 등의 액츄에이터를 갖춤으로써, 통합제어로 제공할 수 있게 되었다.	단안 카메라 한계에 대한 도전과 인테그레이션.	하나의 센서에 의존하지 않고, 센서 융합을 제안.	ADAS와 주차지원으로 진행해 온 센서기술을 기초로, 2020년에 고속도로 상의 파일럿 드라이브 투입을 목표로 한다.	히다치그룹의 폭넓은 포트폴리오를 활용해, 2020년에는 자동운전과 관련된 시장점유율을 2자릿수로 끌어올린다.
실현 일정계획	2020년대 초에 360도 센서 퓨전을 실현해 자동운전으로	2017년에 세미자동운전	2017년 세미자동운전	2016년부터 고도의 ADAS, 2018년 이후에 EU-NCAP에서의 고득점을 위해 투입	2020년에 고속도로 파일럿의 양산화	2017년에 도입, 2020년에 두 자릿수 시장점유
센서 카메라	모노카메라	모노카메라(현행Scam3)+ 장거리감지용렌즈+ 근거리용 어안렌즈3안 (차세대Scam4)	모노카메라	스테레오 카메라	스테레오 카메라	모노카메라(10m) / 스테레오 카메라(100m)
센서 밀리파레이더	○	○	△(타사제품과의 인테그레이션에도 대응한다)	○	○	○
센서 레이저 스캐너	○	○	–	–	–	–
센서 초음파	○	○	–	–	○	○
맵 종류	–	–	–	–	일렉트로닉 · 호라이즌	디지털 맵, GPS연대

자율운전의 현재

본문 : 가와바타 유미

각 부품공급회사 / 메이커의 현상 일람

현재, 많은 자동차 관련 기업이 자율운전 개발을 맹렬히 진행하고 있다.
여기서는 주요 부품공급회사나 자동차 메이커를 추려서,
진척상황이나 지향하는 방향을 정리해 보았다.

많은 사람들은 자율운전이라고 하면 드라마 『나이트라이더』처럼 "Pick me up"하고 부르면 즉각 데리러 오는 자동차를 상상한다. 일본의 자율운전 분류로 따져보면 그것은 자동화 수준이 가장 높은 레벨 4~5에 속한다. 「가속 · 조향 · 제어를 모두 자동으로 하고, 운전자는 전혀 관여하지 않는 시스템」으로, 「로봇 카」나 「무인운전」으로 부르는 영역이다.

레벨 4에 도달하기 전 단계로, 레벨1=가속 · 조향 · 제어 가운데 어느 쪽이든 자동차가 하는 상태, 레벨2=가속 · 조향 · 제어 가운데 2가지를 자동차가 하는 상태, 레벨3=가속 · 조향 · 제어를 모두 자동으로 하고, 긴급할 때만 운전자가 대응하는 상태로 분류한다. 이 가운데 레벨3을 세미-자율운전이라고 한다. 미국의 「SAE」나 국가교통도로 안전국 「NHTSA」에서는 한 단계를 더 넣어 「자동화 없음」을 레벨0으로 분류한다.

여기서 중요한 것은 과연 어느 레벨을 지향하고, 실차에 탑재하느냐는 점이다. 솔직하게 말하면, 레벨4 이상은 자동차 메이커에게는 많은 문제가 산적해 있다. 그 이유는 크게 3가지로 나눌 수 있다. 첫 번째는 책임 소재이다. 레벨1~3에서는 책임이 운전자에게 있지만, 레벨4에서는 기계가 책임을 져야 하느냐는 의문이 남는 것이다. 제조자인 자동차 메이커가 책임을 져야 하느냐는 문제에 있어서는, 자동차 사고에서는 운전자 부주의와 함께 노면이 미끄러지기 쉬웠다거나, 누군가가 뛰어 들어오는 등의 외적 요인이 추가되기 때문에, 일률적으로 책임을 언급하기 어렵다. 자동차 메이커로서는 자동차가 위험을 감지해 사고를 막거나, 충돌을 줄이기 위해 매진해 온 자동 예방안전기술의 진화판으로서 자율운전을 자리매김하고 싶기 때문에,

닛산	도요타	메르세데스	BMW	아우디	GM	볼보

2016년 「파일럿 드라이브1.0」	2020년경 실용화	S클래스, C클래스 부분적인 자동운전 도입완료	차 밖에서 자동주차 (7시리즈)	2017년, A8에 투입예정	2017년 모델에 고속도로 대응 「수퍼 크루즈」탑재, 2018년에 운전자가 필요 없는 자동운전	시티 세이프티로 대표되는 안전기술의 연장선상
레벨5(4?)	레벨4	레벨5	레벨4 (차고입, 호출은 레벨5)	레벨5	레벨5	레벨4
2018년에 고속도로, 2020년에 교차로를 포함한 일반도로에서의 도입 목표를 지향	고속도로 팀 메이트라는 자동운전차량을 고속도로에서도 주행.	운전자는 존재하지만, 후방을 향해 편하게 쉬는 등, 항시적인 감시를 요하지 않는 자동운전	고속도로에서의 자동운전에 대해서는 커넥티드 드라이브라는 고속에서의 자동 운전 공도시험을 실시하고 있다. 서킷에서의 운전 기술향상 으로도 연결하고 있으며, 자동운전에서도 「추월하는 기쁨」을 지향한다.	운전자는 존재하지만, 고속도로와 일반도로에서 자동주행을 지향한다.	고도의 시스템을 탑재한 완전자동운전을 지향한다.	「자동운전기술」이 도로의 안전을 크게 개선함으로써, 볼보가 지향하는「2020년까지 새로운 볼보 차에 의한 사망자나 중상자를 제로로 한다」는 목표실현을 지원하는 미래상을 준비하고 있다.
2016년의 「파일럿 드라이브 1.0」부터 수시	2020년경의 실용화 목표 지향	조향을 포함한 세미자동운전	차 밖에서 차고 주차를 시작으로, 고속에서의 자동운전을 중심으로 진행	실리콘 밸리부터 라스베이거스를 자동운전으로 주파	2020년까지 시판화	2017년, 에테보리 고속도로에서 100대의 차량을 일반인에게 공도시험
어라운드 뷰용 4개, 360도 감시용 8개 (앞은 모노카메라)	스테레오 카메라	스테레오 카메라	모노카메라 / 스테레오 카메라	앞뒤 스테레오 카메라	스테레오 카메라	3초점 카메라
○	-	-	-	-	-	-
○	○	○	-	-	-	다중빔 레이저 스캐너
○	○	○	○	-	-	○
SLAM, 디지털 맵, GPS 연계	현재, 고정밀도 지도정보가 없기 때문에 고속만	디지털 맵, GPS(SLAM은 불명확)	SLAM, 디지털 맵, GPS 연계	SLAM, 디지털 맵, GPS 연계	디지털 맵, GPS(SLAM은 불명확)	-

사고가 자동차 책임이 되어서는 본말전도가 되는 셈이다.

두 번째는 비엔나 조약의 존재이다. 이 조약에는 운전자를 인간으로 규정하는 문구가 있어서, 만약 자율운전으로 사고가 나면 골치 아픈 법률문제가 생기게 된다.

마지막으로 자동차 메이커에게 있어서의 고객이 운전자라는 점이다. 레벨4가 달성되어 무인운전이 되면, 필요할 때 자동차를 불러서 타는 카 쉐어로 충분하기 때문에 「자동차를 소유한다」는 가치관이 위협을 받게 된다.

기술적인 관점에서는, 최근까지 꿈같은 이야기였던 자율운전을 현실로 접근시킨 것이 2004년에 미국에서 개최된 세계 최초의 장거리 무인자동차 경기이다. 미국 국방고등연구 계획국인 「DARPA」가 주최한 이벤트로서, 상금이 약 1억이나 할 정도로 파격적이어서 100여 팀이 참가했다. 그러나 첫 회는 모든 차량이 완주에 실패하는 결과로 끝났다. 다만, 그 후의 기술발전은 놀라울 만큼 눈부셨다. 2005년에는 5대나 완주하는 팀이 나왔다. 첫 회보다 달리기 좋은 조건이

었다고는 하지만, 참가한 23대 모두 첫 해의 최고기록이었던 약 12km를 넘어서는 거리를 자동으로 달리는 데 성공한 것이다. 2007년에는 난이도를 높인 「어번 챌린지」로 바뀌면서, 시내 코스를 자율운전으로 빠져나갈 정도로 기술력이 높았다. 인간의 눈을 대신해 카메라, 레이더, 라이더, 레이저 스캐너, 초음파 센서 등을 장착하고, 뇌를 대신해 EPU나 알고리즘으로 정보를 분석하며, 가속이나 제동, 조향을 하는 등의 판단을 내린다. 그런 기초는 이미 이 단계에서 확립된 상태라, 기술적으로는 자율운전을 실현할 수 있는 단계에 도달했다고 말할 수 있다.

그럼 무엇이 과제인가 하면, 법률과 사회수용성이라고 하는, 넘지 않으면 안 되는 새로운 벽이 있다. 앞서 말한 비엔나 조약에 대해 국제협조가 진행되는 한편으로, 「누가 책임을 질 것인가」하는 점은 아직 명확하지 않다. 공도에서의 자율운전을 일찍이 합법화한 미시건 주에서는, 사용자를 특정하고 있다. 나아가, 보장액 500만 달러 이상의 보험가입이 의무화되어 있

다. 또한 일반도로를 달릴 때는 필요에 맞게 운전을 조작할 수 있는 사람이 승차해야 하는 것도 의무이다. 「양산차로 발매」하기 위한 과제도 있다. 예를 들면, 초기 자율운전 차량의 지붕 위에 탑재된 레이저 레인지 파인더는 약 1억 원이나 되는 고가여서, 양산차량에 탑재하는 것이 현실적이지 않았을 자동뿐만 아니라, 자동차의 미관까지 해친다.

바꿔 말하면, 「기존 자동차 산업으로서의 채워야할 요건」이 자율운전 실현을 위한 장벽이라고도 할 수 있다. 그렇기 때문에 미국 구글이나 일본 ZMP 같은 새로운 회사에 기대가 모아지고 있다. 그들은 무인운전이든, 로봇 택시이든지 간에 자유로운 발상을 통해 비즈니스 모델을 생각하기 때문이다.

현 단계에서 말할 수 있는 것은, 기존 자동차산업의 생각, 법률이나 보험, 심지어는 사회가 받아들일 수 있느냐는 문제를 해결한 다음, 비용대비 효과를 만족시키는 것이 자율운전을 실현하기 위한 지름길일 것이다.

글 : 스즈키 신이치 (MFi)

VALEO 발레오 | 주차지원부터 진화

9월에 발레오의 자율운전차량인 Cruise4U(크루즈 포 유)를 독일에서 동행 시승했다. 시승한 것은 Cruise4U의 콥셉트를 발레오가 형체로 만들고, 실제 자율운전제어 알고리즘 IVA를 적용한 데모 카이다. 동승한 IAV의 엔지니어에게 자율운전에 대한 현 상태를 질문했다.

기본 차량 VW 골프에 탑재했던 센서 종류를 발레오 제품으로 바꾸고, 발레오의 핵심 기술인 레이저 스캐너를 탑재한 데모 차량이 발레오의 테스트 코스를 나와 시내를 운전자가 주행한 다음, 고속도로에 올랐다. 여기서 조향 핸들 왼쪽에 있는 스위치를 눌러 자율운전 모드를 ON. 이 자동차의 경우는 고속도로에서의 자율운전을 목적으로 하고 있지만, 이미 기술적으로는 간선도로에서의 자율운전이 가능하다고 한다. 고속도로, 대로 다음 단계는 거리에서의 자율운전인데, 여기서 중요한 것은 V to V(Vehicle to Vehicle), V to I(Vehicle to Infrastructure) 통신에 의한 추가정보이다. 이번 데모 차량은 통신기기를 탑재하고 있었지만, 시승할 때는 사용하지 않았다.

고속도로 상에서는 설정속도로 자율운전을 한다. 전방 차량 속도가 낮아 바싹 접근했을 때는 자동적으로 감속한다. 이때 차선을 변경할 경우는 운전자가 깜빡이를 켜는 것부터 시작이 된다. 다만, 기본 차량에 블라인드 스폿 디텍션 기능을 위한 센서가 없기 때문에, 운전자가 미러로 후방의 안전을 확인하고 나서 깜빡이를 켤 필요가 있었다.

발레오 Cruise4U의 핵심 장치는 레이저 스캐너이다. 레이저 스캐너가 차량 전방을 스캔해 고정밀도로 주행 루트 상에 있는 모든 종류의 장애물을 감지한다. 엔지니어에 따르면 레이저 스캐너가 있으면 더 풍부

한 정보를 얻을 수 있기 때문에 유리해지는 것은 물론이지만, 밀리파 레이더+카메라로도 자율운전은 가능하다고 한다. 자율운전 기술에 대해서는 제어 알고리즘보다도 인프라나 법률정비, 해킹 대책 등과 같은 보안기술에 대한 중요도가 높다고 한다.

발레오의 접근방식이 독특한 것은 Park4U라고 하는 자동주차 기술을 자율운전의 첫 걸음으로 자리매김했다는 것이다. 이 분야에서 발레오는 많은 실적을 쌓고 있으며, 시스템도 Park4U 3.0, Park4U Remote로 진화를 이루어 오고 있다. 더불어 카메라, 초음파 센

서, 레이더, 레이저 스캐너 등과 같은 기술 제품들을 갖고 있는 외에, 협력관계에 있는 모빌아이의 이미지 프로세싱 기술까지 사용해 자율운전 개발에 나서고 있다.

그런 성과의 하나로, 우리들이 시승한 차와는 다른 Cruise4U 테스트 차가 1만km에 걸쳐 프랑스를 일주했다. 실제 도로상황에서 4000km 이상을 자율운전 모드로 주행했다고 한다. 물론 주행은 주야간에 걸쳐서 이루어졌으며, 최고속도는 130km/h였다.

이 차량은 신호를 읽는 기능이 없지만, 탑재하는 센서와 개발목적에 따라 다양한 테스트를 하고 있는 것 같다. 베이스 차량의 제원에도 좌우된다.

번호판 아래로 보이는 것이 발레오 그룹인 IBEO사와의 파트너십을 통해 개발한 독자적인 SCALA 레이저 스캐너이다. 2016년에 양산이 시작된다.

이번 데모에서 사용한 것은 레이저 스캐너와 양산 밀리파 레이더. 카메라는 발레오 제품의 모노 카메라를 사용했다. 제어 알고리즘은 IAV가 맡고 있다.

우측의 큰 화면은 개발용 화면으로서, 알고리즘을 통한 생생한 상황이다. 좌측은 IAV가 HMI에서 개발한 사용자용 화면이다. 이 화면을 보면 차선변경이 가능한지 아닌지를 운전자가 알 수 있다.

글 : 스즈키 신이치 (MFi)

⇒ ZF 　[제트에프]　｜ 다각적인 접근방식으로 진행

2015년 5월, 액티브 세이프티 기술분야의 세계적 선도회사인 TRW를 매수해 자율운전 기술의 포괄적인 개발이 가능해진 ZF. 현재, 자율운전 분야에서는 「ZF TRW」라는 브랜드 이름을 이용하고 있다.

현재 ZF TRW에서는 고속도로 상, 속도로는 40km/h 이상으로 자율운전 실증실험을 하고 있는데, 조향 조작이나 가감속, 차간거리 유지 등이 가능한 상태이다. 사용하는 장치로는, AC100이라고 하는 밀리파 레이더와 모노 카메라 S-Cam3로, 차선 중앙을 선행 차량과 일정한 거리를 유지하면서 주행하는 것은 물론이고, 운전자가 방향 지시등을 조작하면 차선변경도 자동으로 이루어진다. 모노카메라를 사용하는 것은 공간절약과 가격을 고려했기 때문에 1000달러 정도의 가격으로 장착할 수 있을 전망이라고 한다.

나아가 ZF TRW에서는 레이저 스캐너를 추가해 360도 센서 시스템을 갖춤으로서 완전자동 차선변경을 가능하게 하는 고급사양도 개발 중으로, 16년에는 시작차가 완성된다. 이 사양은 3000달러 정도의 가격이 될 전망이다. 그리고 어느 쪽이든 17년에는 실용화를 목표로 하고 있다. 덧붙이자면 ZF TRW에서 사용하는 모든 카메라는 자사제품이다.

한편, ZF TRW는 도시형 통근차량인 「어드밴스드 어번 비클(Advanced Urban Vehicle」이라는 테스트 차량을 공개하고 있는데, 여기에는 몇 가지 자율운전으로 연결되는 기술이 들어가 있다.

그 중 한 가지는 차 밖에서 손목시계형 단말기나 태블릿형 단말기를 사용해 차량을 원격으로 조작하는 시스템으로, 여기에는 「스마트 파킹 어시스트」같은 기능이 있어서 최소한의 작동으로 자동주차를 한다.

또한 「PreVision 클라우드 어시스트」는, 클라우드에 올라가 있는 과거의 주행 데이터나 지도 데이터를 토대로 적절한 운전기술을 실행하는 시스템이다. 예를 들어 코너에 진입할 때의 속도가 너무 빠르다고 판단되면, 자동적으로 적절한 속도로 낮춤으로서 위험성을 최소한으로 억제하는 동시에 과도한 브레이크 조작도 피할 수 있다. 정체발생 요인을 낮추어 연비향상도 기대할 수 있는 시스템이다. 스포츠 주행 모드나 연비우선 주행 모드 등도 선택할 수 있는데다가, 운전자의 개입 수준도 선택할 수 있다. 운전자가 가속 페달을 최대로 밟음으로서, 스로틀 개도를 차량 쪽이 자동으로 제어해 주는 모드가 있는가 하면, 가속 페달을 전혀 밟지 않고 완전히 차량에 맡기는 모드도 준비되어 있다.

이 어드밴스드 어번 비클의 각종 기능이 자율운전으로 평가받지 못하고 있기는 하지만, 분명하게 자율운전으로 연결되는 기술이라 해도 손색이 없다. 현재 상태에서 앞서 언급한 고속도로 자율운전기술과는 별도로 개발되고 있는 것 같지만, 어느 쪽으로든 통합되어 완전자율운전 시스템을 구축하게 될 것이다.

ZF는 TRW를 파트너로 끌어들임으로서 자율운전 분야에서도 주도권을 잡으려 하고 있다.

현재는 모노 카메라+밀리파 레이더를 조합해 고속도로에서 실증실험을 거듭하고 있다. 운전자가 판단해 방향 지시등을 조작하면 차선변경도 가능하다.

실험차량에 사용 중인 것은 시판 모델에도 사용하고 있는 「S-Cam3」(우)라는 모노카메라이다. 그리고 2018년에는 단안 렌즈와 복안 렌즈, 총 3개의 렌즈를 탑재한 「S-Cam4」(좌)가 공동개발된다. 당연히 자율운전차량에도 사용함으로서, 계속해서 진화를 추진하게 될 것이다.

ZF가 제안하는 차세대 도시형 통근차 개념의 「스마트 어번 비클」. 클라우드를 사용한 상호통신을 통해 운전지원이 자율운전으로도 연결되는 기술이라 할 수 있다.

글 : 스즈키 신이치 (MFi)

◈ MAGNA 마그나 | 모노카메라의 한계에 도전

미그니라는 회시이름에서 바로 떠오르는 것은 슈타이어 다임러 푸흐를 전신으로 삼아, 현재는 자동차 개발부터 어셈블리까지 일괄적으로 공급하는 마그나 슈타이어일 것이다. 나아가 듀얼 클러치식 변속기로 높은 시장점유율을 자랑하는 게트락을 매수했다.

메커니즘에 강점이 있는 느낌이 강하지만, 자율운전 개발에 필요한 소프트웨어 개발 능력도 갖추고 있다. 전방 카메라나 미러 안에 화상을 표시하는 등의 고기능화가 진행되는 상황에서 소프트웨어를 자체적으로 개발하고 있어서, 세미-자동차운전 시스템 개발에서는 그 노하우가 충분히 활용되고 있다.

이번에 방문한 곳은 디트로이트에 있는 마그나 오토모티브이다. 캐딜락 ATS를 기반으로 세미-자율운전 시스템을 탑재한 시작차는 운전석에 운전자가 앉아 있는 상태인 「레벨3」이 가능하다. 놀랍게도 앞쪽에 단안 카메라만 탑재할 뿐으로, 스테레오 카메라나 밀리파 레이더, 레이더 레인지 파인더 등은 장착되어 있지 않다.

필자는 지금까지 여러 종류의 서로 다른 자율운전 시스템을 장착한 테스트 차량을 동승해 보았는데, 대부분이 스테레오 카메라 또는 레이저 레인지파인더 외에 장거리/단거리 밀리파 레이더를 같이 사용해 넓은 시야로 감시한다. 이로서 대상물과의 거리를 계측하는 등의 방법으로 주변교통상황을 파악함으로서 필요에 맞춰 차량을 조작했다.

그러나 마그나에서는 자사가 강점으로 하는 카메라를 사용해 고도의 세미-자율운전을 실현하는데 힘을 쏟았다. 다만, 이것은 어디까지나 자사의 장점을 부각시키기 위한 컨셉 모델이라는 것이다. 당연히 자동차 메이커가 단안 카메라와 밀리파 레이더 등을 같이 사용하기 바란다면, 카메라와 다른 센서의 통합(Integration)까지 마그나가 담당할 용의는 있다.

세미-자율운전 스위치를 넣자 운전자가 손을 떼도 자동으로 계속 달린다. 법정속도 부근으로 속도를 설정해 놓으면 앞서 가는 차량과의 거리를 유지하며, 만약에 충돌할 것 같으면 자동으로 브레이크를 걸어 적정속도로 늦춘다. 도중에 공사 때문에 오래된 차선과 잠정적인 공사용 차선 양쪽이 그려진 복잡한 노면에 접어들었지만, 어려움 없이 차선 안을 주행해 나갔다. 모니터를 관찰하고 있으니, 카메라가 말뚝(Pylon)을

확인하자 공사 등으로 흰 차선이 어지럽다는 예측을 바탕으로 선행 자동차를 따라갈 방침임을 알 수 있다. 커브에 들어서자 조금 위화감이 있는 조향을 보이기도 했는데, 신경 쓰이는 점을 말하자면 이 정도이다. 정체 상황에서도 자율운전 기능이 작동해, 앞차를 쫓아가다가 완전정지까지 대응한다고 한다.

현재 이 시스템을 2017년에는 시판차량에 탑재할 예정으로 개발을 진행 중이라고 한다. 구체적인 차종은 명확하게 밝히고 있지 않지만, 더 많은 사람이 사용할 수 있는 가격대의 제공을 목표하고 있다고 한다.

테스트 차량으로는 세계 점유율 약 80%를 차지하는, 모빌아이 제품 센서를 사용하고 있지만, 현재는 아직 시험단계이다. 그래서 2018년 시판까지는 부품공급사를 특정하지 않는다고 한다. 단안 카메라이긴 하지만, 시간차로 화상을 비교해 대상물까지의 거리를 파악할 수 있다.

위 사진은 공사 중인 관계로 흰 선이 명확하지 않은 곳을 카메라로 인식하는 모습. 공사 때문에 차선도 잠정적이고 노면도 거칠기 때문에 흰선을 인식하기 어렵다. 아래 사진은 눈이 많은 지역에서 자주 볼 수 있는 지주식 신호. 흑백(Monochrome) 카메라이기 때문에 점등한 위치에서 신호색을 인식한다.

이번에는 단안 카메라의 성능을 이끌어내는 일에 도전했지만, 지도 데이터를 활용하거나 밀리파 레이더와 조합해 조기에 자동 브레이크를 거는 등, 다른 센서와의 협조제어도 가능.

글 : 스즈키 신이치 (MFi)

⯈ NISSAN 닛산 | 12개 카메라로 360도를 감시

전 세계 자동차 메이커 중에서도 닛산은 자율운전 분야에 있어서 다임러나 GM, 폭스바겐 그룹과 견줄 만큼 세계굴지의 기술력을 갖고 있다. 그렇게 단언할 수 있는 체험을 했다.

시승 무대는 올림픽을 준비하기 위해 개발이 한창인 도쿄도(都) 임해 지역이다. 바꾸어 말하면, 자율운전에 있어서의 난관인 공사 구역이 많은 지역이다. 더구나 공교롭게 비까지 와서 센서들에게 있어서는 상당히 까다로운 상황이다. 실험차량은 닛산 리프를 기본으로 하고 있으며, 밀리파 레이더와 카메라를 12개나 주위에 빙 둘러서 장착한데다가, 「3D 플래시 라이더」로 불리는 최신형 레이저 스캐너를 차체 4군데에 장착하고 있다. 이들 센서종류를 총동원해서 얻은 막대한 정보를 순간적으로 분석해 어떤 행동을 할 것인지 판단하는 것이다.

일단은 익숙한 도로를 달려 자차위치인식 기능을 리셋한다. 디지털 맵과 SLAM(Simultaneous Localization and Mapping)을 바탕으로 자차위치를 대조함으로서, 「자차가 어디에 있는지」를 정확하게 인식할 수 있다. 또한 카메라로 흰 선을 인식해 주행차선을 유지하고, 적신호를 감지하면 정지선을 인식해 멈춘다. 센터 콘솔 위에 있는 레버 「파일럿 드라이브 커맨더」를 조작하면 차선변경도 자동으로 가능하다.

사실은 이번에 날씨가 좋지 않아 완전하게는 리셋을 하지 못했다. 하지만 차선유지 지원이나 어댑티브 크루즈 컨트롤 기능을 사용해, 흰 선이나 다른 차량을 인식하면서 달리는 것만큼은 못 미더운 구석이 없었다. 그러나 가드레일 같은 장애물을 인식하고 자차위치와의 대비를 통해 조향하는 식의 장면에서는 자차위치 인식 필요성을 느끼게 한다. 구체적으로 말하면,

인간의 감각보다 앞서서 조향되는 등의 위화감이 생기는 것이다.

시승 중에 한 번 정도 오싹한 장면이 있었다. 고가도로와 분기점 사이에 점선이 있고, 분기점 쪽에서 법정속도를 크게 웃도는 속도로 다른 차량이 본선 도로를 향해 가속하면서 접근해 오는 장면이었다. 합류지점에서 다른 차량이 법정속도를 크게 웃돌아도 내 차는 법정속도 내로 달리려 하기 때문에, 본선을 주행하는 차량보다 합류하는 차량 쪽이 빠른 불규칙한 접근 형태가 되기 때문이다.

재미있는 것은, 운전자와의 신뢰관계를 만드는 시도

이다. 정차할 때 화면상으로는 보이는 그대로의 모습이 비치지만, 주행 중에는 주위 차량까지 포함한 넓은 범위가 표시된다. 화면을 통해 자율운전 차량이 무엇을 보고 있는지, 무엇이 위험하고, 무엇이 안전하다고 판단하는지를 알 수 있다. 그렇기 때문에 그 후에 어떤 조작을 할지 예상이 가능해 자동차와 인간의 신뢰로 이어진다.

자율운전 그 자체의 기술뿐만 아니라, 그 다음에 있는 운전자와의 신뢰구축이나 안심감까지 고려하는 닛산의 자세는, 앞으로 자율운전이 보급되는데 있어서 더 중요하게 받아들여질 것이다.

■ 레이더
▬ 레이저 스캐너
● 카메라

이번에 시험해 보지는 못했지만 「리모트 파일럿 파킹」이라는 스마트폰을 사용한 자동주차 기능도 적용했다. 병렬은 물론이고, 종렬 그리고 유럽과 미국에 많은 사면주차도 가능하다.

계기판 패널 중앙 모니터에는 차량이 무엇을 인식하고 있는지가 알기 쉽게 표시되어 있다. 상대가 생각하는 것을 알면 안심할 수 있는 것은 사람들끼리의 관계와 똑같다고도 할 수 있다.

차체에는 8개의 카메라를 설치. 레이저 스캐너는 기존 제품처럼 레이저를 선으로 발사하지 않고 플래시처럼 조사(照射)한 다음, 반사된 것을 읽어 들이는 「3D 플래시 레이저」를 적용했다. 제조원인 ASC사는 캘리포니아 주를 거점으로 하는 벤처기업이다.

글 : 스즈키 신이치 (MFi)

▶ MERCEDES-BENZ 　마그메르세데스 벤츠나 ｜ 트럭의 자율운전화에도 주력

승용차는 물론이고 트럭의 자율운전에도 정력적으로 나시고 있다는 점이 메르세데스 벤츠의 특징이다. 2014년에는 「FT2025」로 명명된 완전자율운전 트럭의 컨셉트 모델을 발표. 그리고 15년 가을에는 시판차량인 액트로스를 기반으로 스테레오 카메라와 밀리파 레이더, 레이저 스캐너를 탑재한 고속자율운전 시스템 「하이웨이 파일럿」을 탑재한 차량을 사용해 고속도로에서 실험주행을 했다. 주목할 만한 것은 공사 중임을 나타내는 파일런(Pylon)을 인식해 차선 감소나 옵셋에도 대응한다는 점이다. 장거리주행에 따른 운전자 부담이 크고, 만에 하나 사고가 났을 때는 피해도 커지기 쉬운 대형트럭에 있어서 자율운전은 승용차 이상으로 신속하게 만들어야 하는 기술일지도 모른다.

2014년에 독일 하노버에서 개최된 국제 상용차 쇼에 출품된 「FT(Future Truck) 2025」. 문자 그대로 2025년 실용화를 목표로 한 완전자율운전 트럭이다.

이 사진은 메르세데스 벤츠의 대표적인 대형트럭 액트로스를 기반으로, 고속자율운전 시스템 「하이웨이 파일럿」을 탑재한 시험 모델의 내부사진. 고속도로 A8호선을 주행했다.

글 : 스즈키 신이치 (MFi)

▶ BMW 　비엠더블유 ｜ 철저하게 달리는 즐거움을 추구

마치 짐카나(Gymkhana) 경기 같은 고속 파일런(Pylon) 슬라롬 그리고 드리프트(!)를 자율운전으로 하는 것 같은 화려한 퍼포먼스로 주목을 모았던 BMW. 카메라는 스테레오와 모노를 같이 사용하며, 밀리파 레이더로 360도를 감시한다. 거기에 기존의 고도 차량제어장치를 연동시켜, 이 퍼포먼스를 성공시켰다. 드리프트 자체가 목적이 아니긴 하지만, 이 정도의 제어기술을 과시한 것만으로도 높은 안전성을 어필했음은 틀림없다. 또한 시판 모델에서는 신형 7시리즈의 일부 그레이드에 자동주차 시스템을 탑재. 차 밖에서 2.2인치 리모컨을 사용해 전진이나 후진 같은 간단한 작업만으로 차고에 넣고 빼고 할 수 있다. 벽이나 장애물 존재를 감지해 자동정지도 해준다고 한다.

달리는 즐거움'을 회사기본 방침으로 하는 BMW에게 있어서, 자율운전기술은 양날의 칼? 그런 주위의 우려를 제쳐놓고 깜짝 놀랄만한 퍼포먼스로 BMW다움을 연출. 프로의 운전기술 재현 등도 가능할 것 같다.

신형 7시리즈에 옵션으로 설정된 자동 주차. 주차 공간으로의 진입각도가 10도 이하인 경우에 사용할 수 있다. 그러나 일본에서는 일반적인 후진 주차방식에는 대응하지 않는다.

글 : 스즈키 신이치 (MFi)

▶ AUDI 아우디 | 실리콘밸리 ~ 라스베이거스를 주파

A7을 기반으로 한 실험차량을 공개하고 있으며, 2015년 초에는 캘리포니아주의 실리콘밸리(샌프란시스코나 산호에 주변)에서 네바다주의 라스베이거스까지 550마일(약 885km)을 자율운전으로 주파하는 실증실험을 했다. 장거리 레이더 센서로 차량 앞뒤를, 중거리 레이더 센서로 주위 360도를 감시하고, 앞 그릴과 뒤 범퍼에 설치한 레이저 스캐너도 같이 사용한다. 앞뒤로는 각각 스테레오 카메라도 장착하고 있다. 그리고 내비게이션의 맵 데이터도 포괄적으로 활용한다. 이런 것을 바탕으로 A7 컨셉트 카는 0~70MPH(약110km/h) 범위 내에서 자율운전이 가능해져, 라스베이거스까지 장거리 자율운전에 성공. 차선변경을 동반한 추월도 가능하다.

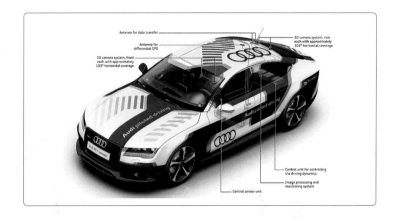

실리콘밸리에서 라스베이거스까지 자율운전으로 주파하는데 성공한 아우디 A7 컨셉트 카. 콘서트나 격투기 시합장으로 알려진 만달레이 베이 호텔이 정면으로 보인다.

550마일(약 885km) 거리를 달리는 이번 실증실험에는 저널리스트도 동승했다. 이 A7 컨셉트 카는 「잭」이라는 닉네임이 붙어 있다고 한다.

글 : 스즈키 신이치 (MFi)

▶ TOYOTA 도요타 | 운전자의 좋은 동료를 만들겠다는 자세

도요타는 자율운전기술을, 철저하게 운전자를 지원하는 좋은 파트너로 위치를 설정하고, 「모빌리티 팀 메이트 컨셉트」로 명명하고 있다. 그 가운데 2020년 실용화를 목표로 한 고속자율운전을 「하이웨이 팀 메이트」로 이름 붙인 다음, 렉서스GS를 기반으로 한 실험차량을 공개했다. 합류, 차선변경, 빠져나가기 등을 부드럽게 하는 이 차량에는 스테레오 카메라, 밀리파 레이더 그리고 레이저 센서를 탑재. 특징적인 것은 상세한 3D 맵을 작성하고 있다는 점으로, 특히 일본의 잡다한 도로환경(혼란스러운 도로표지나 추월금지차선 유무 등)에 대해서는 센싱기술에 의존하기보다 지리정보를 생성하는 쪽이 확실하기 때문이라고 한다.

렉서스GS를 기반으로 한 실험차량으로 난이도가 높은 수도고속도로를 주행. 자율운전 중에는 뒤 윈도우 좌우상부에 있는 LED램프가 점등한다. 합류, 분류는 아주 부드럽다.

모니터에는 차량이 지금 무엇을 생각하고, 무엇을 하려고 하는지가 표시된다. 상세한 3D 맵 데이터 작성은 차량용 카메라로 주행도로 사진을 촬영해 계속 업데이트하는 식으로 이루어진다.

시가지 자율주행은
왜 장벽이 높을까?

본문 : 마키노 시게오 그림 : 콘티넨탈/다임러/마키노 시게오/파이오니아

시가지에서의 완전 자율주행은 20년 이상 후일까.
아니, 과밀교통도시만 아니라면 5년 이내로 가능할까.
연구자와 개발자 대부분은 「아주 장벽이 높다」고 한다.
이미 시작되고 있는 실증실험에서 그 이유를 찾아보자.

시가지에서의 자율운전은 이미 실증실험 단계에 들어와 있다. 일본에서도 현 아베정권 하에서 기업과 정부, 학교가 연대를 통해 시험 프로젝트를 진행 중인데, 총무성이 자율운전 프로젝트를 총괄하고 있다. 예상 이상으로 프로젝트가 증가해, 일반도로에서의 주행실험 차량에 대해서는 국토교통성이 개조차 차량검사 대응으로 번호를 부여하고, 경시청은 최대한의 양보로 협조하고 있다. 어떤 관련 부서도 「저항세력」으로 보일만한 부정적 자세는 없다. 이 부분에 한정해서 말하자면 아베정권의 방향설정은 성공이다. 어쨌든 자동차를 「자동으로 움직여 보는 것」이 자율운전 프로젝트에서는 가장 효과가 좋은 실험이다. 일본은 환경을 갖추고 있는 것이다.

환경이 갖춰지고, 실증실험이 활발해진 시점에서 주행실험을 하고 있는 현장에서는 다양한 요구가 나오기 시작했다. 시가지에서의 자율운전에 대해서는 「정확한 디지털 지도가 필요하다」「외부와의 데이터

통신을 어디까지 활용할 수 있는지 빨리 검토해 달라」는 요구가 들리고 있는 것이다. 그리고 차량설계 쪽에서는 「액츄에이션 정확도 한계」에 대한 문제제기가 있다. 자율운전에 관한 플러스 알파의 논점으로 이 3가지를 든다.

자율운전은 센싱(인지), 기획(판단), 액츄에이션(실행)이 세트로서, 기획에 의해 자동차 자신이 배치하는 「주행차선」은 디지털 데이터이다. 현재 달리고 있는

도로의 어느 좌표에서 어떤 행동을 시작해서, 어디서 끝낼 것인가. 이것을 디지털 지도상에 그리면 실현가능한 제어는 단 번에 증가한다.

어느 연구 그룹은 「GPS 정보로는 오차가 너무 커서 도움이 되지 않는다」고 한다. 시가지에서 자율운전이 이루어진다면 차량제어는 50mm 이내의 오차로 줄여야 할 것이다. 그러나 현재위치의 GPS 데이터는 아무리 해도 그런 정확도는 안 나온다. 무엇보다 일본

> **정확할 뿐만 아니라 초고도의 디지털 표지야말로
> 로봇 카에게 있어서의 도로지도이다.**

은 지진이 많은 나라이기 때문에 대지가 항상 움직인다는 점을 지적하고 있다. 「불과 1년 동안에 지반이 15cm나 이동해서는 제어 정확도를 연구할 수 없다. 고속도로에 합류하는 자동제어는 불가능하다」고 한다. 「어딘가 기준이 되는, 움직이지 않는 점이 필요하다」고 한다. 천문위성을 쏘아 올려도 지표가 움직여서는 좌표데이터로 부족하다는 지적도 있다.

일본이 자율운전에는 거의 무관심했던 무렵부터 구글은 레이저 스캐너를 사용한 도로지도를 작성해 왔다. 2년 전에는 상당한 양의 데이터를 축적하고 있었다. 일본이 자율운전을 진행할 경우, 그 기초 데이터가 될 디지털 지도는 누가 자금을 제공하고, 누가 작성할 것인가. 이에 대한 검토는 시급을 요한다.

2번째는 인프라 협조이다. 교통이 과밀하지 않은 지역에서 이루어지는 실험에는, 예상 외로 잘 진행된다는 예가 있다. 한산한 지역에서 자율운전이 가능해지면 몇 가지 사회문제가 정리된다. 통과차량에 대해 「이 자동차는 자율운전 중입니다」하고 인식되어 협력을 받음으로서 실제로 원활하게 운행된 예도 있다. 다만, 주행 구역을 확대하면 그렇게 잘 진행되지는 않는다. V to V(Vehicle to Vehicle) 또는 V to X(차량 대 사물) 통신기기가 필요하게 된다.

V to X가 되면, 통신상대는 도로관리자 또는 그에 준하는 자와 그들이 소유한 클라우드 데이터가 될 것이다. 데이터양은 막대하지만, 이미 실증실험에서는 「항구적 데이터」와 「계절 데이터」를 구분함으로서, 지금 그 장소를 통과하려는 자동차에 정보를 제공하고 있는 사례도 있다. 이런 경우 개개의 자동차가 실험차(Probe car)가 되어 정보가 수집된다. 「어디어디의 교차점에서 사고발생」「어디어디에서 공사 중」같

은 데이터가 V to X로 송신된다.

사고나 공사 모두 항구적 데이터가 아니라 계절 데이터이기 때문에 사고처리나 공사가 종료되면 클라우드에서 삭제된다. 이미 자동차 메이커 주도의 카 내비게이션 서비스에서는 비슷한 정보공유가 시행되고 있어서 기술적으로는 어렵지 않다. 문제는 통신속도와 데이터양이다. 예를 들면 시가지에서 자율운전을 하는 경우는, 1분 후에 통과 예정인 장소의 신호주기나 보행자와 자동차 양의 자동차 쪽은 알고 싶어 한다. 같은 장소에 도로를 가득 메운 상태로 자동차가 달리고 있는 경우에도, 모든 차에 균등한 정보를 제공하지

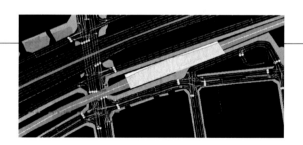

않으면 안 된다. 이미 노상 표지(Beacon)나 FM 다중에서의 정보수취는 실적이 있지만, 자율운전에 필요한 데이터양은 교통정보와 비교가 되지 않는다. 이것이 제2의 논점이다.

또 하나의 논점은 액츄에이션 즉, 동작이다. 현재 상태에서는 자율운전 개발작업은 아직 「조향감각」 반영에까지 이르지 못하고 있다. 그러나 조향이라는 동작을 ECU 지령을 통해 기계가 자동으로 실행하게 되면, 피드포워드(Feedforward)로 예측제어를 하면서 자

신의 출력에 대해 어떤 결과를 얻을 수 있는지 판단해 항상 수정을 반복해야 한다. 이 감시를 섀시 쪽에서 하면 차량이 거동하는 만큼의 지체가 나타난다. 그렇다면 조향 계통에서 담당해야 할 것이다.

2016년도에 시작되는 전자연결 트럭 실험은 상당히 흥미롭다. 선두차량을 사람이 운전하고, 그 조작을 무인상태의 후속차량에 전달해 운전자가 혼자서 2대의 트럭을 운행하는 실험이다. 아마도 선두차량과 후속차량의 조향 지체를 어떻게 설정할 것이냐는 점이나, 선두차량에서의 조향지시를 후속차량이 편차정보를 포함해 선두차량에게 어떻게 피드백할 것이냐는

점이 어려울 것이다.

자율운전이라는 기능에 대해 사용자가 어디까지 돈을 지불할까. 어떤 설문결과에서는 100만원이 상한이었다. 그러나 100만원을 지불하고 「뭐야, 이 정도네」하고 느끼게 하면 끝이다. 시가지에서의 자율운전은 지금까지 자동차 메이커가 비용을 들이고 싶지 않았던 「조향감각」「달리는 질감」같은 부분에 변혁을 가져오는 계기가 될지도 모른다.

ⓧ 레이더로 거리를 측정하고, 카메라로 물체를 인식하다

좌측 대형 디스플레이에 비치고 있는 것은 근거리 레이더가 포착한 180도 화상이다. 대상물과의 거리정보는 여기서 얻어진다. 그러나 레이더가 포착한 물체가 무엇인지는 카메라가 인식한다. 스테레오 카메라는 인식 수준이 높지만, 단안이라도 상당한 성능을 자랑한다. 문제는, 그 정보를 자동차 움직임에 어떻게 살리느냐이다. 위와 같은 디지털 지도가 필요하다.

시가지에서의 자율운전은 「이제 이 이상은 무리입니다. 운전자에게 부탁합니다」하고 포기를 허용하는 형식일지라도 자동차 단독에서의 실시는 매우 어렵다. 하물며 완전자동 오토 파일럿이 되면, 도로 쪽 센서나 교통관제자가 갖고 있는 정보를 받기 위한 V to X, 자차 주위에 있는 자동차와의 V to V 통신이 필수적이다. 반대로 말하면, 외부로부터의 데이터 지원을 받을 수 있는 인프라 협조형 자율운전이야말로 실현 가능성이 높은 선택부문이다.

현재 실시되고 있는 실증실험에서는, 인간이 운전하는 자동차를 배제할 수 있으면 일정 구역 내에서의 자율운전은 가능하다는 중간경과보고가 많다. 「로봇 카뿐이라면 2025년에 시가지 자율운전은 가능하다」고 많은 연구자가 말한다. 실험현장은 센서의 능력, 예를 들면 카메라 해상도와 화상처리속도, 주사형(走査型) 스캐너의 성능 등은 거의 걱정하지 않고, 기술혁신이 착착 진행된다는 전제에서 미래상을 그리고 있다. 하지만 통신에 대해서는 「할 수 있는지, 없는지」분만 아니라, 「어느 정도면 실현가능한지」도 정치적 판단을 내릴 필요가 있으며, 당연히 그런 인프라 정비에는 막대한 투자가 동반된다. 그런 점이 현시점에서의 불안요소라고 한다.

예를 들면, 시가지에서 자율운전 차량이 우회전을 시도한다고 하자. 전방에 우회전 전용 차선이 있어서 그 차선으로 접근한다. 이때 우회전 대기 차량이 10여 대 열을 이루고 있어서 우회전 차선에 들어갈 수 없다고 한다면, 과연 자동차가 그 행렬의 말미에 순조롭게 접근할 수 있을까. 장애물이라고 판단해 자동 차선변경을 하게 되면, 우회전은 하지 못한다. 이런 상황에서는 도로 쪽에서 교차로 정보의 제공과 「나도 우회전 대기 중입니다」하는 행렬말미 차량으로부터의 의사전달이 필수이다.

이것을 해결하고 우회전 작업에 들어갔다고 하자. 일본에는 우회전 전용 신호가 많기 때문에, 이것을 차량 쪽이 인식해야 한다. 과밀교통을 깨끗하게 해결하고 싶다면, 직진차량 사이를 뚫고 지나가듯이 우회전 차량을 지나가야 하는데, 이것은 인간이 만든 교통체계에서는 안 되는 관제교통의 장점이다. 이 경우 차량제어 일부를 도로관제자 쪽에 맡기게 되어 통신은 필수이다. 개개 자동차의 판단에 맡긴다 하더라도 우회전 끝에 보행자나 자전거가 있는지 없는지 정도의 정보는 파악해 두어야 하므로, 교차로마다 정위(定位) 레이더 등으로부터 정보를 얻기 위한 통신은 필수이다.

시가지에서의 자율운전이 어려운 최대 이유는, 처리해야 할 정보가 많다는 점이다. 그러나 차량용 카메라는 주행 중에 화상처리 능력이 현저히 떨어진다. 현 상태에서는 전방 차선을 보는 것이 고작이라고 한다. 하드웨어의 진보로 주위 물체를 정확히 인식할 수 있게 되면, 이번에는 「보고 지나가는」 단점이 드러난다. 좌우회전하기 위해 차선을 변경하려고 해도 「보고 지나가는」것을 다 처리하지 못하면 행동을 취하지 못하게 된다. 그렇기 때문에 인프라 협조는 유익한 것이다.

고속도로에서의 자율운전 같은 경우는, 목적지를 카 내비게이션에 입력해 최단거리 인터체인지까지 안내 받는 식으로 이용할 수 있다. 그렇다면 시가지는 어떨까. 개개의 자동차는 목적을 가지면서도 돌발적으로 자유의지를 발동시킨다. 정말로 교통관제를 하려고 생각한다면, 자율운전 차량 외에는 배제하는 것이 이상적이다. 거기까지의 시나리오는 아직 그려져 있지 않지만, 어느 쪽이든 직면할 과제처럼 생각된다.

그리고 통신과 관련지어 말하자면, 해킹이라는 사태를 예측해 보안에 만전을 기해야 한다. 도로관제 쪽이나 보행자까지 포함한 위치정보를 제공하려고 한다면 개인과 직접 연결되는 정보는 배제해야 한다. 이미 해커가 자동차를 점령한 사례가 보고되고 있다.

□ 포기(Give-up)가 허용되지 않는다면…

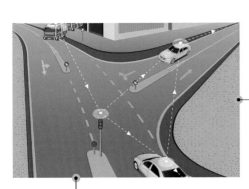

긴급차량의 출동을 비컨으로 주변 주행차량에 전달해 무의미한 사고를 방지한다. 이것은 각국에서 생각하고 있는 운용 사례이다. 대량의 데이터를 불특정 다수 자동차를 상대로 제공하기 위한 저장소는 필연적으로 거대해진다. 우측 사진은 중국제 스토리지로서, 중국은 이 분야를 노리고 있다.

흰 선 인식은 앞으로도 카메라가 담당할 것이다. 자동차 쪽에 부담을 주지 않기 위해서는 적어도 백선/황선의 묘사방법을 하나로 통일하고, 희미해지는 선은 수리하고, 공사가 벌어지는 장소에서의 차선 유도도 하나의 규칙으로 시행하는 등등의 실행이 바람직하다. 각 지자체나 도로관리자에 따라 다른 현재 상태는 논외이다.

「야간에는 자율운전 쪽이 안전하다」고 이야기되기도 하지만, 과연 그럴까. 인간의 인지판단능력과 운전조작은 멋지다고 할만하다. 경험을 쌓음으로서 기량이 갈고 닦아진다.

횡단보도가 있는 교차로의 적신호로 정지한 다음, 신호가 청색으로 바뀌면 좌회전. 평소 우리들이 반사적으로 움직이는 이 조작을 로봇 카는 어떻게 대응할까. 이 방면에 관련되어 있는 몇 명의 연구자에게 물어보았다. 각 연구자의 견해를 통합해 보면 아래와 같은 이야기가 된다.

먼저 적신호에서의 정지는 문제가 없다. 현재의 유사 칼라 카메라로도 적신호, 황신호, 청신호는 판별할 수 있다. 살짝 정지하는 듯한 미세한 제동도 가능하다. 다만, 마지막에 브레이크를 가볍게 놓아주는 제어는 인간의 감각에 미치지 못하지만, 이 부분도 소프트웨어에 달려 있다고 한다.

좌회전 출발은 조향 핸들을 조작하면서의 저속전진이기 때문에, 이 기능은 이미 실용화되어 있는 자동주차 기능을 응용하면 그리 어렵지 않다고 한다. 엔진과 변속기는 서로 협조제어를 바탕으로 아주 느린 속도로 좌회전을 시작하다가, 전방의 횡단보도를 보행자가 횡단하고 있을 때는 그것을 카메라가 감지해 계속 정지한다. 주행 중에는 카메라의 「사람인식」성능이 외란에 의해 현저히 떨어지지만, 정지 또는 아주 느린 속도에서는 SN(Signal Noise)비율이 향상되기 때문에 현재 상태 35만 화소 정도의 스테레오 카메라와 화상처리 소프트웨어로도 복수의 보행자를 인식할 수 있다고 한다.

보행자용 청신호가 점멸을 시작해도 뛰어서 건너가려는 사람이 있으면 정지한 상태로 움직이지 않는다. 무심하게 천천히 걷는 사람이 있어도 마찬가지이다. 센서가 보행자를 인식하고 있는 한 자동차는 움직이지 않는다. 인간이 운전자라면 슬금슬금 나가다가 횡단보도를 건너는 사람을 보면 「기다릴께요, 건너가세요~」하고 생각하던지, 반대로 「빨리 건너세요~」하고 생각하던지 둘 중 하나겠지만, 센서에 있어서는 전부 같은 보행자이다. 구별하지 않는 것이다.

거기에 갑자기 횡단하려는 자전거가 나타났다면 어떻게 될까. 근거리 레이더는 장애물을 50m 정도의 먼 거리에서 포착할 수 있기 때문에 가드레일이나 건물 그림자에 가려있지 않는 한, 로봇 카도 자전거의 접근을 인식하게 된다. 반대로, 인식하고 있기 때문에 자동차는 움직이지 않는다. 횡단보도 상의 보행자나 자전거가 없어질 때까지 자동차는 계속 정지한다. 현재의 사람 인식기능은 상당히 발전해서, 예를 들면 인도 옆에서 사람이 손을 앞뒤로 흔들면 「진로 상의 차도로 들어올 가능성 있음」하고 판단해 직전에서 감속하는 제어가 가능하다.

다만, 횡단보도가 있는 교차로에서는 어떤 필터링(Filtering)을 해서 「뛰어 들어올 위험성이 낮은 보행자」를 판별하거나, 사람의 눈을 인식해 횡단할 의사가 있는지 없는지를 추측하는 제어를 집어넣는 검토도 이루어지고 있다. 그리고 시가지의 교차로에 대해서는 「도로 쪽에서 어떤 정보를 받고 싶다」고 한다.

이제 보행자가 없어졌다. 좌회전을 하면 되는 것이다. 횡단보도 앞에서 핸들을 틀어 30도 정도, 핸들을 360도 정도 돌린 상태에서 기다리고 있던 로봇 카가 움직이기 시작한다. 이때의 느린 좌회전 진행도 자동주차를 응용하면 된다. 문제는 그 다음이다. 핸들을 되돌리면서 가속을 하는 제어이다. 현재 상태에서는 아직 이 제어가 잘 되지 않고 있다. 인간은 경험치를 통해 조향입력에 대한 노면반력을 체감하면서 바로 반응을 보일 수 있다. 핸들을 되돌릴 때, 부족하다고 판단하면 가속을 통해 앞바퀴의 SAT(Self Aligning Torque)를 의식적으로 증가시키는 식으로 제어한다. 그러나 현재의 기술 수준에서는 로봇 카에게 있어서 이 점이 어렵다고 한다.

94페이지 사진을 한 번 더 보기 바란다. 서킷에서 「정지」가 없는 상태에서는, 불안정 제어의 연장선상에서 자동 균형유지 제어를 할 수 있다. 그러나 정지를 포함한 시가지에서의 제어는 생각 외로 어려운 것이다.

□ 자율운전의 핵심은 사실 조향 시스템에 있다.

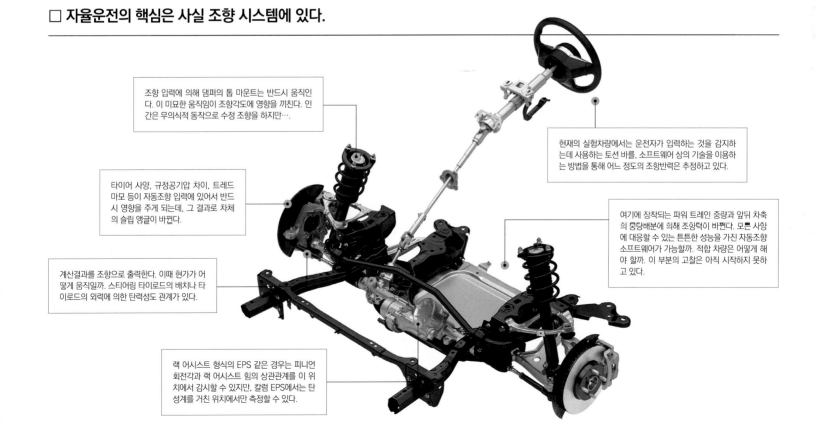

조향 입력에 의해 댐퍼의 톱 마운트는 반드시 움직인다. 이 미묘한 움직임이 조향각도에 영향을 끼친다. 인간은 무의식적 동작으로 수정 조향을 하지만….

현재의 실험차량에서는 운전자가 입력하는 것을 감지하는데 사용하는 토션 바를, 소프트웨어 상의 기술을 이용하는 방법을 통해 어느 정도의 조향반력은 추정하고 있다.

타이어 사양, 규정공기압 차이, 트레드 마모 등이 자동조향 입력에 있어서 반드시 영향을 주게 되는데, 그 결과로 차체의 슬립 앵글이 바뀐다.

여기에 장착되는 파워 트레인 중량과 앞뒤 차축의 중량배분에 의해 조향력이 바뀐다. 모든 사양에 대응할 수 있는 튼튼한 성능을 가진 자동조향 소프트웨어가 가능할까. 적합 차량은 어떻게 해야 할까. 이 부분의 고찰은 아직 시작하지 못하고 있다.

계산결과를 조향으로 출력한다. 이때 현가가 어떻게 움직일까. 스티어링 타이로드의 배치나 타이로드의 외력에 의한 탄력성도 관계가 있다.

랙 어시스트 형식의 EPS 같은 경우는 피니언 회전각과 랙 어시스트 힘의 상관관계를 이 위치에서 감시할 수 있지만, 칼럼 EPS에서는 탄성계를 거친 위치에서만 측정할 수 있다.

사진 & 일러스트로 보는 꿈의 자동차 기술

Motor Fan
illustrated

"모터팬은 계속 **진화**하고 있습니다."

Vol
1

Vol
2

Vol
3

Vol
4
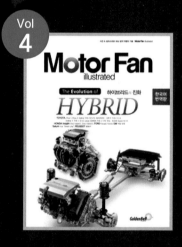

Vol
5

Vol
6

Vol
7

Vol
8
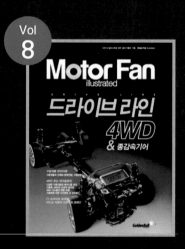